LARS KONAREK

Bushcraft – Survivalwissen

stv

Lars Konarek

Überleben in der Natur

BUSHCRAFT

Survivalwissen

Wildpflanzen Europas

Leopold Stocker Verlag
Graz – Stuttgart

Umschlaggestaltung: DSR – Digitalstudio Rypka GmbH, Dobl, www.rypka.at
Bildnachweis: Umschlagabb. Vorderseite: Hauptbild: Der Autor mit essbaren Pflanzenteilen (Zapfensamen und Blätter), rechts unten: Feuermachen mit dem Zunderschwamm, rechts oben: Wiesenbärenklaustängel; Umschlagabb. Rückseite: v.l.n.r.: Flechtmatte aus Schilf, Klettensamen, Sanddornstrauch (alle: Archiv des Autors)
Abb. Innenteil: George Chernilevsky: 185 | Trent Easton: 204 (unten) | Norbert Griebl: 131 | Klarerwiki, CC-BY-SA-2.0-DE: 143 (Mitte lks.) | Nils Kolditz, CC-BY-SA 3.0: 208 (oben) | Freddy Krüger, wikimedia commons: 211 | Pixabay, gemeinfrei: 13, 17–19, 21–23, 27–30, 48 (lks. oben), 49 (r. unten), 52 (r. oben), 77 (r. oben), 99 (lks. oben), 111 (r. oben), 118 (r. unten), 125, 127, 129, 132, 138, 149, 157, 158 (lks. oben, unten), 159, 166 lks., 171, 187, 189, 193 (Mitte rechts), 197, 199, 200, 201 (r.), 203, 207, 209, 215–221 | Pudding4brains: 200 | G. Schneeweiß v. Arnoldstein: 130 (r.), 169 (r. unten) | Sindimgarten, Wikimedia commons: 141 r. | alle anderen Bilder: Archiv des Autors

Wir haben uns bemüht, bei den hier verwendeten Bildern die Rechteinhaber ausfindig zu machen. Falls es dessen ungeachtet Bildrechte geben sollte, die wir nicht recherchieren konnten, bitten wir um Nachricht an den Verlag. Berechtigte Ansprüche werden im Rahmen der üblichen Vereinbarungen abgegolten.

Bibliografische Information der Deutschen Nationalbibliothek
Die Deutsche Nationalbibliothek verzeichnet diese Publikation in der Deutschen Nationalbibliografie; detaillierte bibliografische Daten sind im Internet unter http://dnb.d-nb.de abrufbar.

Hinweis: Dieses Buch wurde auf chlorfrei gebleichtem Papier gedruckt. Die zum Schutz vor Verschmutzung verwendete Einschweißfolie ist aus Polyethylen chlor- und schwefelfrei hergestellt. Diese umweltfreundliche Folie verhält sich grundwasserneutral, ist voll recyclingfähig und verbrennt in Müllverbrennungsanlagen völlig ungiftig.

Auf Wunsch senden wir Ihnen gerne kostenlos unser Verlagsverzeichnis zu:

Leopold Stocker Verlag GmbH
Hofgasse 5/Postfach 438
A-8011 Graz
Tel.: +43 (0)316/82 16 36
Fax: +43 (0)316/83 56 12
E-Mail: stocker-verlag@stocker-verlag.com
www.stocker-verlag.com

ISBN 978-3-7020-1616-6

Layout: Ecotext-Verlag, Mag. G. Schneeweiß-Arnoldstein, 1010 Wien

Inhalt

Echter Baldrian

Vorwort

Seit den Anfängen der Menschheit werden Pflanzen gesammelt, als Nahrungsmittel verwertet, als Schmuck oder Färbemittel verwendet oder holzige Arten als primitive Werkzeuge eingesetzt. Pflanzen wurden zu Heilzwecken entweder oral eingenommen oder als Brei auf die Haut aufgetragen. Das Wissen über Heilpflanzen oder über den **Nutzwert von Pflanzen** ist heute – trotz schier grenzenloser Informationsmöglichkeiten gerade auch im Internet – sicherlich nicht mehr so Allgemeingut, wie es früher einmal der Fall war. Zum Teil ist das nachvollziehbar, denn im Alltagsleben haben wir kaum mehr direkten Kontakt mit Wildpflanzen, weil deren Extrakte zum Beispiel in Tablettenform zur Verfügung stehen. Was aber ist, wenn man aufgrund einer mittel- oder längerfristigen Notsituation hungern oder in der Natur mit gesundheitlichen Beschwerden kämpfen muss? Was tut man in einer Survival-Situation, wenn Rohmaterial für feste Schnüre, Matten oder zur Keimreduzierung in Wunden benötigt wird? In einer solchen Situation ist spezifisches Wissen gefragt. Sie müssen Pflanzen sicher identifizieren können, wenn Sie sie für Ihre Zwecke nutzen wollen.

Als hauptberuflicher Überlebenstrainer befasse ich mich schon seit etlichen Jahren mit den im deutschsprachigen Raum vorkommenden Wildpflanzen im Survival-Kontext; auch vor dem Hintergrund, dass ich Menschen für das Überleben in der Natur ausbilde. Zigmal wurde ich bei meinen Kursen von den Teilnehmern gefragt, was man mit der ein oder anderen Pflanze anfangen kann und ob es eine Art Übersicht über deren Verwendungsmöglichkeiten gebe. Ich habe deshalb immer wieder nach Literatur gesucht, die dem interessierten Laien, aber auch dem Survivaler/Bushcrafter behilflich sein könnte. Leider geben nur ganz wenige Bücher Aufschluss darüber, was für Nutzeffekte bestimmte Pflanzen haben; kein Buch bietet zudem einen Gesamtüberblick über alle Anwendungszwecke nach den Kriterien Verwendungsmöglichkeit, Krankheitssymptome oder Inhaltsstoffe. Es gibt zwar etliche Pflanzenbestimmungsbücher, die dem Laien kompetente Hilfe bei der Identifizierung bieten, sucht man aber für einen bestimmten Zweck die passende Pflanze, dann wird es schon sehr schwierig. Oft verfügen die Autoren auch über ein fachspezifisches Studium (z. B. Biologie), was sich in der Verwendung einer spezifischen Fachsprache niederschlägt, unter der die Allgemeinverständlichkeit mitunter leidet.

Mir geht es deshalb darum, in diesem Buch die Einsicht darin zu vermitteln, **dass das Erkennen, Sammeln und Verwenden von Pflanzen für jeden möglich ist.** Voraussetzung dafür ist aber, dass man sich intensiv mit der Materie auseinandersetzt. Das bedeutet im Klartext: lernen, lernen und nochmals lernen! Im Übrigen gilt auch hier die alte Mephisto-Weisheit: „Grau, teurer Freund, ist alle Theorie und Grün des Lebens goldner Baum.“ Mit anderen Worten: Die Aneignung von Wissen sollte natürlich nicht nur theoretisch erfolgen. Es gibt mittlerweile unzählige liebevoll gestaltete Tutorials auf YouTube, gute Apps zur Bestimmung von Pflanzen sowie reichlich einschlägige Literatur. Auch das Kursangebot ist inzwischen so vielfältig, dass man fast überall in Mitteleuropa günstig informative Kräuterwanderungen über Volkshochschulkurse oder bei kräuterkundigen Führern buchen kann. Auch ich biete Wanderungen zum Thema essbare Pflanzen an; bei meinen Survival-Trainings zeige ich natürlich weitere Anwendungsmöglichkeiten auf, denn viele Pflanzen sind

Die alte Mephisto-Weisheit „Grau, teurer Freund, ist alle Theorie und Grün des Lebens goldner Baum" gilt auch im Hinblick auf das Wissen über Wildpflanzen.

ja nicht nur essbar, sondern bieten noch andere vielfältige Nutzungsmöglichkeiten. **Dieses Buch soll** dem Laien, aber auch dem erfahrenen Survivaler/Bushcrafter **als Hilfestellung dienen**, um **Pflanzen sicher zu erkennen** und das erworbene Wissen so vielfältig wie möglich in seinem Hobby oder in einer Notsituation, zu der es hoffentlich nie kommen wird, einzusetzen.

An dieser Stelle sei besonders darauf hingewiesen, dass dieses Buch natürlich **keinen Vollständigkeitsanspruch** erhebt; das ist unmöglich. Es handelt sich hier um eine **subjektive Auswahl**, die getroffen werden musste, um den Umfang zu begrenzen.

Ich habe versucht, bewusst auf „Biologendeutsch“ zu verzichten und trage überwiegend Informationen aus meinem Erfahrungsschatz, aus meinem Netzwerk und Kenntnisse pflanzenkundiger Personen zusammen. Pflanzenfamilien habe ich zur Vereinfachung zusammengefasst. So unterscheide ich in diesem Buch beispielsweise nicht zwischen Echtem Baldrian und dem für medizinische Belange höherwertigeren Arznei-Baldrian. Beide Pflanzenarten erfüllen im Survival- und Bushcraft-Kontext gleichwertig ihren Zweck und dabei spielt es keine Rolle, auf welches Exemplar Sie zurückgreifen. Die lateinischen Bezeichnungen habe ich im Übrigen deshalb den deutschen Pflanzennamen beigefügt, weil diese für die ganze Welt genormt sind.

Aus meiner Anfangszeit als Survival-Trainer weiß ich, wie schwierig es ist, sich als Neuling in die Materie einzuarbeiten – vor allem, wenn man sich allein damit befasst. Dennoch kann jeder die Identifizierung von Wildpflanzen bis zu einem gewissen Grad erlernen.

Zur Benutzung dieses Buches habe ich zur schnellen Orientierung Symbole verwendet, die einen Hinweis darauf geben, wozu die jeweilige Pflanze eingesetzt werden kann. So können Sie im Kapitel „Übersicht der Pflanzen“ schnell erkennen, für welchen Zweck Sie die jeweilige Pflanze anwenden können. Für einen **schnellen Überblick** sorgt im Weiteren ein **Register der Pflanzen nach Verwendungszweck** (► S. 222–223).

Viel Spaß beim Lesen und Sammeln!
Ihr Lars Konarek
(www.larskonarek.de)

DAS SOLLTEN SIE BEACHTEN

Im Hinblick auf den Schutz der Pflanzenwelt gibt es gesetzliche Regelungen, die unbedingt zu beachten sind. Die wichtigsten lauten:

- Beachten Sie beim Umgang mit Wildpflanzen, dass einige Arten unter Schutz stehen. Näheres hierzu ist in **Deutschland** im **Bundesnaturschutzgesetz** (BNatSchG), in der Roten Liste sowie in der Bundesartenschutzverordnung (BArtSchV) festgehalten. In **Österreich** sind diese Regelungen **Ländersache**; in der **Schweiz** ist der Naturschutz auf **Bundesebene** geregelt (**Bundesgesetz über den Natur- und Heimatschutz**). Für Österreich ist die Datenbank **www.flora-austriaca.at** mit Informationen zu Ökologie, Verbreitung und Gefährdung von Pflanzenarten hilfreich; mit Blick auf die Schweiz ist die Netzseite des nationalen Daten- und Informationszentrums der Schweizer Flora – **www.infoflora.ch/de** – nützlich, die Auskunft über Morphologie, Standort, Verbreitung, Nomenklatur, Gefährdung, Ökologie, Maßnahmen, Verbreitungskarte und Fotos bietet. Recherchen zu geschützten Pflanzen in Deutschland können Sie in der Datenbank des Bundesamtes für Naturschutz unter **www.wisia.de** durchführen.
- **Vermeiden Sie das Sammeln von Wildpflanzen in Biotopen,** auch wenn die Verlockung groß ist. Biotope sind kompliziert aufgebaute Ökosysteme, die sehr empfindlich auf Störungen und Eingriffe durch den Menschen reagieren. Das Gleiche gilt für (Bann-)Wälder, die unter Schutz stehen.
- Nehmen Sie unbedingt **Rücksicht auf Einzelexemplare**! Wenn Sie das letzte Exemplar einer Pflanze für Übungszwecke ausreißen, kann die Vermehrung der Pflanze gefährdet sein.

- **Stören Sie beim Sammeln nicht die heimische Tierwelt.** Sie tun sich und der Natur keinen Gefallen, wenn Sie Wildschweine oder brütende Vögel im dichten Gestrüpp aufscheuchen.
- **Sammeln Sie nur Pflanzen, die keinen Pilzbefall aufweisen.** Einige Schwärzepilze (*Dematiaceae*) sind stark toxisch und können schwere gesundheitliche Schäden zur Folge haben.
- **Sammeln Sie immer nur so viel, wie Sie tatsächlich brauchen.** Es ist immer ärgerlich, wenn in „rauen Mengen" gesammelt wird und nachher die Hälfte des Sammelguts nicht verwendet wird. Außerdem ist in den deutschen und auch in den österreichischen Landeswald- oder Forstgesetzen klar und eindeutig geregelt, dass nur ein „Handstrauß" an Blumen und Kräutern aus dem Wald entnommen werden darf.
- **Manche Pflanzen sind stark giftig.** Lassen Sie deshalb eine Pflanze bei Zweifeln im Hinblick auf deren Identität besser stehen!
- **Fassen Sie keine haarigen Raupen an,** die sich an Pflanzen finden! Ein Kontakt kann bei manchen Menschen schwere allergische Reaktionen auslösen.

▶ *Der Bärlauch tritt immer in großer Anzahl auf.*

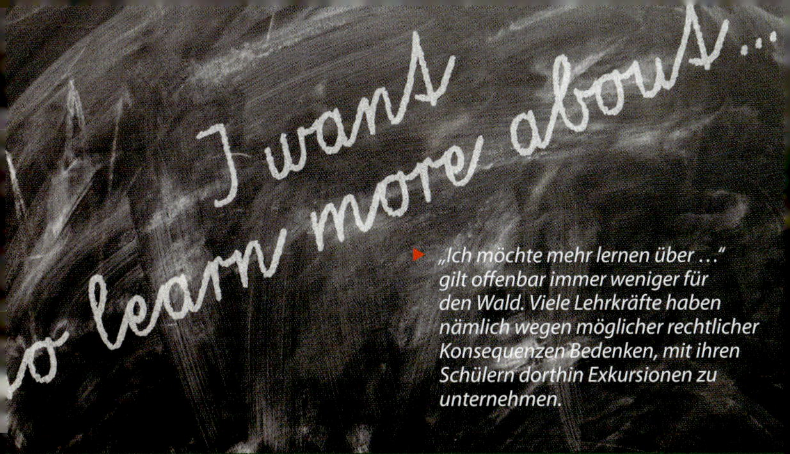

„Ich möchte mehr lernen über …" gilt offenbar immer weniger für den Wald. Viele Lehrkräfte haben nämlich wegen möglicher rechtlicher Konsequenzen Bedenken, mit ihren Schülern dorthin Exkursionen zu unternehmen.

Gefahren beim Sammeln von Pflanzen

Beim Sammeln und Verzehren von wildwachsenden Pflanzen geht man immer ein **gewisses Risiko** ein, was aber in den meisten Fällen, wenn es zu gesundheitlichen Schäden kommt, auf den Sammler zurückzuführen ist. Dies liegt in der Regel daran, dass Pflanzen zum einen überdosiert zu sich genommen werden oder es beim Sammeln zu einer Verwechslung mit einer Giftpflanze kommt.

„Lebensgefährlich" ist das Sammeln von Pflanzen nicht, auch wenn man bei der einen oder anderen Verlautbarung manchmal zu diesem Ergebnis kommen könnte. In den letzten Jahren ist vermehrt eine gezielte **Panikmache** festzustellen, die meiner Meinung nach überzogen ist: So wird zum Beispiel die Zecke als ein hochgefährliches, allgegenwärtiges Parasit in der Natur dargestellt oder dem Fuchsbandwurm werden ganze Seiten in den Tageszeitungen gewidmet. Natürlich sind die genannten Parasiten keineswegs ungefährlich, aber man wird nicht gleich bei jedem Zeckenbiss krank und die Gefahr, sich beim Verzehr von Wildpflanzen im Wald mit dem Fuchsbandwurm zu infizieren, ist fast null. Im Vergleich zu den Verkehrstoten, die es bedauerlicherweise jedes Jahr allein auf Deutschlands Straßen gibt, ist die Zahl derer, die durch Wildpflanzen oder einen Aufenthalt im Wald in irgendeiner Art und Weise zu Schaden kommen, verschwindend gering.

Ich stelle immer wieder fest, dass Kindern schon im Kindergarten, in der Schule oder vom Elternhaus aus vermittelt wird, dass es im Wald viele Gefahren gebe und man am besten jeden Stock und jede Pflanze liegen lassen sollte. Erzieher und Lehrkräfte haben Bedenken, mit den Kindern in den Wald zu gehen. Ich habe selbst miterlebt, wie ein Kindergarten eine Infoveranstaltung organisiert hat, bei der ein Förster und ein Mitarbeiter eines Gesundheitsamts den Eltern im Hinblick auf potenzielle Gefahren durch Zecke und Fuchsbandwurm das letzte Quäntchen Vernunft ausgeredet haben. Als Konsequenz wurden Haftungsausschlüsse seitens der Eltern unterschrieben, damit eine rechtliche Absicherung besteht, wenn die Angestellten des Kindergartens mit den Kindern einen WWaldspaziergang unternehmen. Das Robert-Koch-Institut weist auf seiner Website ausdrücklich darauf hin, dass es nachweislich Fälle von Übertragungen durch Haustiere (Hunde, Katzen usw.) gibt, eine Übertragung über Wildpflanzen und Früchte jedoch entgegen vielen falschen Medienberichten nicht geklärt ist; siehe Unterpunkt „Infektionsweg" im online verfügbaren „RKI-Ratgeber Echinokokkose".

Eines meiner Kinder zeigte einmal bei einem Schulausflug mit der Grundschule den Mitschülern stolz, dass man Wegerich essen kann. Als die Lehrerin das mitbekam, riss sie meinem Kind die Pflanze aus der Hand und sagte, dass man diese nicht essen könne und dass dies „gefährlich" sei.

Sie werden sich zu all dem selbst eine Meinung bilden oder bereits gebildet haben. Denken Sie aber daran, dass Ihre (Ur-) Großeltern, Eltern und vielleicht auch Sie schon im Wald gespielt, Waldsauerklee gegessen haben und möglicherweise auch schon mit Zeckenbissen konfrontiert waren. Ich glaube kaum, dass das zu Traumatisierungen geführt hat, die zur Folge hatten, dass der Wald in der Folge gemieden wurde.

Spezialfall Giftpflanzen

Im deutschsprachigen Raum wachsen einige der giftigsten Pflanzen Europas, deren Berührung oder Verzehr irreparable gesundheitliche Schäden oder sogar den Tod zur Folge haben können. **Achten Sie daher immer darauf, welche Pflanzen Sie gerade anfassen oder bearbeiten.** Mit Giftpflanzen ist nicht zu spaßen; nicht umsonst wurden die Inhaltsstoffe einiger Exemplare in den vergangenen Jahrtausenden zu Jagd- und Tötungszwecken eingesetzt. Leider kommt es dennoch jedes Jahr immer wieder zu **Todesfällen**, weil eine Pflanze, die für essbar gehalten wurde, mit dem giftigen Gegenkandidaten verwechselt wurde. Die Toxizität einiger Pflanzen soll aber hier nicht das Kernthema sein; ich möchte lediglich dafür sensibilisieren, dass beim Essen und Verwerten von Pflanzen immer Vorsicht und gesunder Menschenverstand vonnöten ist.

Es gibt, stark vereinfacht gesagt, drei Aspekte im Hinblick mit dem Umgang von Pflanzen, die Sie im Hinterkopf behalten sollten. Das sind im Einzelnen:

Die Absorption von Giften über die Haut

Das ist eine Gefahr, die beim Berühren bestimmter (zum Glück weniger) Pflanzen auftreten kann: Das äußerst starke Gift, ein Alkaloid namens **Aconitin**, das in allen Teilen der Pflanzen mit diesem Inhaltsstoff vorkommt, kann schon beim Anfassen über die Haut absorbiert werden. Typisch hierfür sind die Gewächse der Gattung des Eisenhuts. Zwar trifft man beim „Bushcraften" eher selten auf diese Pflanzen, jedoch sollte man diese Exemplare rechtzeitig erkennen, will man keine bösen Überraschungen erleben.

▶ *Der giftige Eisenhut in voller Blüte*

Verzögerte Giftwirkung

Immer wieder tritt bei toxischen Unfällen mit Pflanzen das Phänomen auf, dass die Giftwirkung zeitverzögert einsetzt. Das ist insofern tückisch, weil beim Verzehr von Pflanzenteilen der jeweiligen Giftpflanzen keine Akutreaktionen festzustellen sind, die die erforderliche Aufnahme in einer Notfallklinik notwendig machen. Typische, für Vergiftungen eindeutige Signale wie zum Beispiel Brennen im Mund, Übelkeit, Erbrechen, Magenschmerzen, Schwindel, Kopfschmerzen, aufsteigende Lähmungen oder Krämpfe bleiben zunächst aus und setzen erst nach ein paar Stunden ein. Dann kann es aber in den meisten Fällen schon zu spät für eine Behandlung sein und selbst in der Klinik besteht dann wenig Aussicht auf eine Heilung. Typische Vertreter des Effektes der verzögerten Giftwirkung sind die Herbstzeitlose *(Colchicum autumnale)* und ihr Gift Colchicin. Hier kann (bei einer entsprechend hohen Dosis) ein möglicher tödlicher Ausgang im Falle einer Vergiftung nur durch **zeitnahe Diagnose, Entfernen des Giftes aus dem Magen (auspumpen) und Verabreichung von hohen Dosen medizinischer Kohle** verhindert werden.

Riesenbärenklau: Gesamtpflanze (links), Blüte (ganz oben) und Stängel (oben)

Fototoxische Hautreaktionen

Einige Pflanzen enthalten Inhaltsstoffe, die in Verbindung mit Sonnenlicht auf der Haut zu Irritationen bis hin zu **schweren und schmerzhaften Verbrennungen** führen; auch schwere allergische Reaktionen können die Folge sein. Meistens werden diese Stoffe freigesetzt, wenn man Teile der Pflanze zerbricht (z. B. beim Abpflücken eines Blattes) und der Pflanzensaft auf die Haut tröpfelt. Der Riesenbärenklau (Herkulesstaude), vom Hitradio Ö3 als „Killerpflanze des Sommers" 2016 bezeichnet, ist der Klassiker unter denjenen Pflanzen, die fototoxische Reaktionen auslösen können. Er wird, wenn er sich ausbreitet, grundsätzlich mit Atemschutz und Schutzanzug bekämpft.

Verwechslungsgefahren

Es gibt einige Pflanzen, die vom Erscheinungsbild her oder in Details anderen Pflanzen zum Verwechseln ähnlich sind. Hier kann das Schicksal mit voller Härte zuschlagen, wenn es sich beim Sammeln des Doppelgängers um eine Giftpflanze handelt und diese dann auch noch verzehrt wird. Ich gehe im Kapitel „Essbare Pflanzen" intensiv auf Verwechslungsgefahren ein und habe dort versucht, so viele Details wie möglich zur sicheren Unterscheidung anzuführen. Zu beachten ist, dass dies keineswegs eine Garantie dafür ist, nicht doch auf einen giftigen Kandidaten hereinzufallen. Generell kann man bei derartigen Fällen deshalb nur immer wieder sagen: **Wenn man sich nicht hundertprozentig sicher ist, sollten Sie eine Pflanze besser stehenlassen!**

Kein Allheilmittel gegen Giftstoffe im Magen: Holzkohle

Im Falle einer Überlebenssituation wäre es fatal, eine Pflanzenvergiftung zu erleiden. Zwar könnte man bedingt auf die Vergiftungserscheinungen mit der sofortigen Einnahme von Holzkohle, zum Beispiel aus einem Lagerfeuer, einwirken und den Vergiftungsverlauf somit eventuell stark abmildern. Es muss aber darauf hingewiesen werden, dass **Holzkohle nicht,** wie fälschlicherweise immer wieder angenommen, **jeden Giftstoff im Magen absorbiert.** Eine Pflanzenvergiftung ist fast immer ein Fall für die Notaufnahme eines Krankenhauses mit anschließender Behandlung auf der Intensivstation. Steht indes keine Notaufnahme zur Verfügung, hilft nur noch beten und hoffen …

Tollkirsche: Blüte, Gesamtpflanze, Frucht (im Uhrzeigersinn)

Ein Klassiker unter den gefährlichen Giftpflanzen: *Die* **Schwarze Tollkirsche** (Atropa belladonna*), die sich an Waldrändern, Lichtungen in Laub- und Nadelwäldern oder Kahlschlägen findet. Sie gehört zu denjenigen Giftpflanzen, denen bereits viele Menschen zum Opfer gefallen sind. Die schwarzen Beeren locken zum Verzehr; ihre starke Giftwirkung vermutet man aufgrund des süßen Geschmacks nicht, wenn man sie isst. Da* **alle Teile der Pflanze giftig sind,** *sollten Sie diese* **unbedingt meiden.** *Die Pflanze wird bis zu 180 cm hoch und fällt durch ihre schwarzen, glänzenden Beeren und den deutlich sichtbaren Kelchstern ins Auge.* **Weitere Giftpflanzen** *finden Sie auf den* *► Seiten 163–170.*

Allgemeine Tipps zur Orientierung

Sich mit Wildpflanzen zu befassen, ist eine Herausforderung. Man lernt nie aus, haben wir es doch mit einer äußerst komplexen Materie zu tun. Dennoch reicht in vielen Fällen ein solides Grundwissen. Hierfür eine Reihe von Tipps, mit denen Sie sich etwas leichter tun. Beachten Sie bitte bei der Umsetzung mancher Ratschläge unbedingt die vorherigen Kapitel über Pflanzengifte und lassen Sie, wie erwähnt, eine Pflanze, bei der Sie sich nicht sicher sind, zu Ihrer eigenen Sicherheit bei den geringsten Zweifeln besser stehen.

- **Nehmen Sie sich pro Woche eine Wildpflanze vor**
  Setzen Sie sich das Ziel, eine Wildpflanze pro Woche zu bestimmen und sich so viel wie möglich an Kenntnissen anzueignen. Schauen Sie sich die jeweilige Pflanze genau an und prägen Sie sich deren Merkmale, wie zum Beispiel Blütenform, Stängelbehaarung, Pfahlwurzel, auffällige Flecken, Geruch usw., genau ein. Recherchieren Sie in Fachbüchern und im Internet über die Pflanze und merken Sie sich deren Fundort.

- **Beobachten Sie die Pflanze über das Jahr hinweg**
  Verfolgen Sie, wenn möglich, das Wachstum und das Absterben der Wildpflanze im Herbst. So erfahren Sie, wie sich das Aussehen der Pflanze im Laufe des Jahres verändert und können vielleicht sogar, wenn oberirdische Pflanzenreste im Winter übrigbleiben, das Gewächs auch zur kalten Jahreszeit identifizieren.
- **Greifen Sie auf Ihr Netzwerk zurück**
  Wenn Sie fachkundige Personen in Ihrem Familien-, Freundes- oder Bekanntenkreis haben, die (Landschafts-) Gärtner, Apotheker oder Botaniker sind, dann befragen Sie diese und profitieren Sie von deren Wissen.

▶ *Anfänglich mögen Sie im Hinblick auf das Thema Wildpflanzen viele Fragen haben; es stellen sich aber bei einem entsprechenden Bemühen rasch Aha-Erlebnisse ein …*

- **Bilden Sie sich fort**
  In jeder Stadt gibt es bei Volkshochschulkursen in der Regel die Möglichkeit, zu einer erschwinglichen Kursgebühr an einer Kräuterwanderung teilzunehmen. Aber selbst dann, wenn der Kurs für Sie zu teuer erscheint: Vergessen Sie nie, dass Sie dabei wichtiges und wertvolles Wissen vermittelt bekommen. Es ist immer besser, wenn eine fachkundige und erfahrene Person Ihnen „live“ Pflanzen zeigt und Sie dann direkt Fragen stellen können. Ich biete übrigens auch 1–2 Mal im Jahr in Freiburg i. Br. Wanderungen an, bei denen essbare Pflanzen im Mittelpunkt stehen. Informationen dazu finden Sie auf meiner Webseite.

- **Schauen Sie sich Tutorials im Internet an**
  Noch nie gab es auf Videoplattformen wie zum Beispiel YouTube so viele gute Tutorials über Wildpflanzen, die von Survival-Trainern, engagierten Kräuterkundigen oder Hobbysammlern liebevoll produziert wurden. Greifen Sie hierauf zurück!
- **Experimentieren Sie mit Pflanzen**
  Die beste Methode, eine Pflanze besser kennen zu lernen, besteht darin, Experimente durchzuführen. Trocknen Sie die Pflanze und prüfen Sie, ob der Geruch oder der Geschmack erhalten bleibt. Mischen Sie die Pflanze, wenn diese essbar ist, mit anderen essbaren Pflanzen. Manchmal ergibt sich eine interessante Geschmacksmischung. Je mehr Sie mit einer Pflanze hantieren, desto besser lernen Sie das Gewächs kennen.
- **Kaufen Sie Fachbücher**
  In Buchhandlungen erhalten Sie Dutzende von Büchern über wilde Kräuter und essbare Pflanzen. Wenn Sie sich intensiv mit dieser Materie und auch mit wissenschaftlichen Arbeiten beschäftigen wollen, werden Sie Ihr Wissen deutlich erweitern können. Die hier zu veranschlagenden Mehrinvestitionen lohnen sich aber in der Regel.

▸ *Ihr Wissen über Wildpflanzen wird, wenn Sie es vertiefen wollen, ohne einschlägige Bücher nicht auskommen. Aber keine Angst: Durch Bibliotheken werden Sie sich nicht kämpfen müssen, um einen soliden Kenntnisstand zu erreichen …*

▸ *Zögern Sie nicht, mit (Ihren) Kindern in den Wald zu gehen. Von deren oft unverhofften Fragen werden auch Sie profitieren.*

- **„Verbünden" Sie sich mit Gleichgesinnten**
  Suchen Sie sich Gleichgesinnte, die Ihr Hobby oder Ihr Interesse an Wildpflanzen teilen. Zu zweit oder zu dritt macht das Erkunden doppelt so viel Spaß und Sie generieren gemeinsam mehr Wissen. Ich kann mich noch an eine Wanderung mit meinem Berufskollegen und Freund Gion Saluz De Salugo in der Schweiz erinnern, bei der wir auf zum Teil sehr selten zu findende Wildpflanzen stießen, uns durch unser Wissen ergänzt haben und auf diese Weise einen echten „Mehrwert" zusammentragen konnten.
- **Nehmen Sie (Ihre) Kinder auf Exkursionen mit**
  Es ist für Kinder sehr wichtig, einen Zugang zur Natur zu bekommen. Siebenjährige in der Grundschule können heute zwar ein iPad bedienen, sind aber nicht in der Lage, den Löwenzahn auf der Wiese zu identifizieren. Leisten Sie daher einen wertvollen Beitrag für das Leben Ihrer Kinder, indem Sie deren Wissen über die Natur fördern. Lassen Sie bei Ihren Exkursionen (Ihre) Kinder an Ihrem Wissen teil-

haben. Oft fallen dann Fragen, bei denen Sie selbst in „Recherchezwang“ geraten, was sich durchaus erkenntniserweiternd auswirken kann.

Werkzeuge für das Ernten von Pflanzen

Für die Gewinnung von Pflanzenbestandteilen, die sich über der Erde befinden, ist in den meisten Fällen kein besonderes Werkzeug erforderlich. Blätter, Blüten oder Stängel lassen sich mit der bloßen Hand abzupfen oder abbrechen. Will man aber die unterirdischen Pflanzenteile ernten (Wurzeln und Rhizome), kommt man um den Gebrauch von Erntewerkzeugen oftmals nicht herum. Grund hierfür sind zum Teil durch ihre natürliche Beschaffenheit harte, sehr trockene oder durch menschliches Zutun verdichtete Böden (zum Beispiel befestigte Wege im Wald), die das Herausziehen der ganzen Pflanze nicht erlauben. Viele Pflanzen reißen am Stängel ab, wenn man versucht, die Wurzel mit aus der Erde zu ziehen oder sie sind so tief und vielseitig verwurzelt, dass man sie mit Körperkraft allein nicht aus der Erde herausgezogen bekommt. Deswegen tut man sich leichter, wenn man entweder ein robustes Messer wie zum Beispiel ein schweres **Survival-Messer** oder aber einen **Spaten** zum vorsichtigen Ausstechen der Wurzel verwendet. Zu beachten ist, dass hierfür etliche Messer nicht geeignet sind und beim Hineinstechen in die Erde stumpfer werden oder sogar abbrechen können, wenn man damit eine Wurzel aushebelt oder die Klinge stumpf wird, sobald man mit ihr im Boden über einen Stein streift. Da Messer vielleicht nicht immer verfügbar sind, muss man sich mit einem der ältesten Werkzeuge in der Geschichte der Menschheit behelfen, nämlich einem **Grabstock**. Unter einem Grabstock versteht man einen an einem Ende angespitzten Stock, der eine Länge von etwa einem halben bis einem Meter aufweist. Er sollte dick genug sein, um beim Aushebeln nicht zu brechen, und schwer genug sein, damit auch die notwendige Energie aufgebracht werden kann, um den Boden effektiv durchstoßen zu können. Ein gutes Holz, das für den Grabstock verwendet werden kann, ist zum Beispiel das der Gemeinen Hasel. Sie wächst gerade und bietet am Strauch oft eine große Auswahl verschiedener Durchmesser für den individuellen Bedarf. Alternativ dazu eignen sich natürlich alle jungen Bäume wie zum Beispiel Buche, Ahorn usw., die auch eine etwas festere Beschaffenheit aufweisen und belastbarer sind. Die Spitze des Grabstocks sollte dazu vierkantig mit einem Messer oder einem scharfkantigen Stein bearbeitet werden. Will man eine längere Haltbarkeit der Spitze erreichen, hält man diese für etwa eine halbe bis eine Minute in die Glut eines Feuers. Dadurch wird die Feuchtigkeit im Holz rasch aus dem Holz gedrückt und die Spitze wird dadurch härter und belastbarer, weil das Holz trocken ist.

▶ *Die Fertigstellung und Anwendung eines Grabstocks*

Fruchtstand des Johanniskrauts

Wildpflanzenübersicht

Das folgende Kapitel widmet sich der Übersicht und der detaillierten Beschreibung der Pflanzen, die in diesem Buch eine Rolle spielen. Es handelt sich um eine von mir ausgewählte **Sammlung überwiegend nährstoffreicher Pflanzen sowie von Pflanzen, die für medizinische, technische oder andere Zwecke eingesetzt werden können.** Um es nochmals zu betonen: Es ist unmöglich, alle Pflanzen in einem Buch aufzuführen, deshalb musste hier eine **Auswahl** getroffen werden, um den **Umfang nicht ausufern zu lassen.** Möglicherweise kommt die eine oder andere Pflanze, die für den erfahrenen Survivaler/Bushcrafter wichtig ist, nicht vor. Wenn Sie aber nach der Lektüre dieses Buches ein Drittel dieser Pflanzen, auf die hier eingegangen wird, sicher identifizieren können, steigern Sie Ihre Überlebenschancen in einer möglichen Krisensituation merklich.

Im Vergleich zu manchem einschlägigen Fachbuch finden sich in der Folge immer mehrere Fotos zu einer Pflanze – meist zusätzlich mit Blüte, Stängel und Blättern –, damit ein **Gesamtbild** entstehen kann, **was bei der Identifikation der Pflanze mit Sicherheit hilfreich ist.** Ich habe bewusst auf handgezeichnete Skizzen verzichtet, da die meisten Menschen meiner Erfahrung nach lieber mit Fotos arbeiten und mit Skizzen eher wenig anfangen können. Bei den Beschreibungen finden sich bei den jeweiligen Anwendungsbereichen weitere Bilder; so zum Beispiel dann, wenn man bei den Pflanzen die Wurzeln verwenden oder diese anderweitig einsetzen kann. Diese sind dann mit Foto aufgeführt.

Zur besseren Übersicht können Sie anhand von **Symbolen in der Legende** auf einen Blick erkennen, wozu die betreffende Pflanze geeignet ist:

🍽 Essbare Teile (Symbol Gedeck)
⚒ Nutzen (Symbol Werkzeug)
✚ Medizinische Wirkung (Symbol Erste-Hilfe-Kreuz)
ⓘ Indikatorpflanze (Symbol Schild)
🌶 Würzeigenschaften (Symbol Gewürz)

Baldrian, Echter *(Valeriana officinalis)*

Vielen ist Baldrian aus der Drogerie, dem Supermarkt oder der Apotheke in Form von Dragees oder als Tee geläufig. Baldrianwurzeln entwickeln, wenn man sie trocknet, einen intensiven Geruch, der jahrelang anhalten kann. Ursache hierfür ist die in der Wurzel enthaltene Isovaleriansäure.

Standorte: Uferränder, nasse und nährstoffreiche Böden, auf Wiesen entlang von Wasserläufen

Merkmale

- bis zu 200 cm hoch
- gefiederte Blätter, die sich gegenüberstehen
- Wurzel strömt typischen Baldriangeruch aus
- hellrosa bis weiße Blüten, die stark duften

Essbarkeit: Die Wurzeln und Blätter sind zum Verzehr geeignet. Von einem Verzehr großer Mengen indes ist abzuraten, da die medizinisch relevanten Inhaltsstoffe unerwünschte Nebenwirkungen verursachen könnten.

Verwendung: 🍽, ✚, ⓘ

Kurzcharakteristik: Die Pflanze besitzt essbare Komponenten. Die Wurzeln können für medizinische Zwecke genutzt werden; Baldrian ist zum Beispiel als Beruhigungsmittel bekannt. Außer-

Baldrian gesamt, Blüten, Baldrianblatt, Stängel mit gegenständigen Blättern (im Uhrzeigersinn)

dem ist Baldrian ein Wasserindikator, was bei der Suche nach Wasser hilfreich sein kann.

Inhaltsstoffe: u. a. ätherisches Öl

Verwechslungsgefahr: Die Pflanze kann mit giftigen Doldenblütlern (z. B. Wasserschierling) verwechselt werden!

Bärenklau / Wiesenbärenklau *(Heracleum sphondylium)*

Bei dieser Pflanze können, nahrungstechnisch gesehen, alle Pflanzenteile verwertet werden. Es kann vorkommen, dass die menschliche Haut beim Sammeln in der Sonne allergische Reaktionen zeigt.

▸ *Bärenklau: Auffällige Blattscheide am Bärenklau, Gesamtpflanze, Blütendolde, Blatt (im Uhrzeigersinn)*

Die Pflanze enthält teilweise – je nach Sonneneinstrahlung, Bodenbeschaffenheit etc. – große Mengen einiger wichtiger Mineralstoffe. Entsprechend stark schwanken die Mengen dieser Mineralstoffe.

Standorte: Wiesen, Gräben, in Auwäldern

Merkmale

- bis zu 150 cm hoch
- hohler, gefurchter und behaarter Stängel
- Außenblüten der Blütenstände in der Dolde größer als Innenblüten
- Blüten riechen ähnlich wie Mäuseurin

- an den Blattachseln wächst eine Blattscheide
- Blätter sind auf der Oberseite behaart

Essbarkeit: Alle Pflanzenteile sind zum Verzehr geeignet. Es gibt in der Fachliteratur immer wieder Hinweise darauf, dass die Pflanze Träger giftiger Inhaltsstoffe (Furanocumarine) ist, die auf der Haut Rötungen und Pusteln verursachen können. Im Laufe der Jahre ist dieses Phänomen bei meinen Kursen aber weder bei mir noch bei meinen Kursteilnehmern aufgetreten. Bisher hat bei mir der Verzehr von Pflanzenteilen keinerlei Beschwerden nach sich gezogen.

Verwendung: 🍽, ⚒, ✚

Kurzcharakteristik: Beim Wiesenbärenklau sind alle Pflanzenteile essbar. Der hohle Stängel kann z. B. als Trinkhalm oder Blasrohr eingesetzt werden. Einige Pflanzenteile können auch medizinisch verwendet werden. Der Wiesenbärenklau wirkt schleimlösend und beruhigend; seine ätherischen Öle befreien die Atemwege. Weiter wirkt er bei Blasenentzündungen und Menstruationsbeschwerden.

Inhaltsstoffe: u. a. Zucker, Eiweiß, Eisen, Kalium und Magnesium

Verwechslungsgefahr: Die Pflanze kann insbesondere mit dem giftigen Riesenbärenklau *(Heracleum mantegazzianum)* und anderen giftigen Doldenblütern verwechselt werden!

	Wiesenbärenklau	**Riesenbärenklau (giftig)**
Blätter	Blattränder oft leicht abgerundet max. 20 lang	scharfgezahnte Blattränder nicht selten über 1 m lang!
Größe	bis 150 cm	bis 350 cm
Stängel	meist grüner behaarter, bis zu 2 cm dicker Stängel	behaarter purpurgefleckter Stängel, bis zu 10 cm dick
Dolden	max. 20 cm im Durchmesser	bis zu 50 cm im Durchmesser

▸ *Tabelle 1: Übersicht der Erkennungsmerkmale des Bärenklaus zur Verminderung von Verwechslungen*

Bärlauch: Gesamtpflanze, Bärlauchrasen, Bärlauchblüte, Bärlauchblatt (im Uhrzeigersinn)

Bärlauch *(Allium ursinum)*

Der Bärlauch, auch als „wilder Knoblauch" bezeichnet, ist biologisch gesehen ein Verwandter der Zwiebel und des Knoblauchs. Er verströmt einen knoblauchartigen Duft, den man schon von weitem wahrnimmt. Die Pflanze tritt immer in großen Mengen vor, selten ist eine isoliert stehende Einzelpflanze zu sehen. Bärlauch kann immer verwertet werden, wenn die Pflanze nicht krank ist (z. B. durch Pilz- oder Schädlingsbefall).

	Bärlauch	**Maiglöckchen (giftig)**	**Herbstzeitlose (giftig)**	**Aronstab (giftig)**
		► S. 168	► S. 167	► S. 163
Blätter	Blattunterseite matt; aus dem Stängel wächst ein Blatt	Blattunterseite glänzend; aus unten rot überlapptem Stängel wachsen zwei Blätter	dicke Blätter, kein sichtbarer Stiel	junge Blätter; gleiche Form wie Bärlauch, wenn sie zusammengerollt aus der Erde treiben, danach pfeilförmig, Blätter dunkelgrün
Zeitraum	Ende Januar–Mai	April–Juli	Mai–Juni	Ende Januar–Juni
Geruch	intensiv	keiner	keiner	keiner
Wurzel	dünne, langgezogene „Zwiebel" mit wenigen Ausläufern	viele Ausläufer	dicke, runde Zwiebel mit Ausläufern am Fuß	–

► *Tabelle 2: Übersicht der Erkennungsmerkmale des Bärlauchs zur Verminderung von Verwechslungen*

Standorte: gelegentlich Bachläufe, feuchte Auwälder, Schluchten, schattige Waldränder

Merkmale

- bis zu 40 cm hoch
- Blüten haben meist sechs Blätter
- aus einem Stängel wächst ein Blatt
- tritt oft in ganzen Rasen auf
- knoblauchähnlicher Geruch

Essbarkeit: Alle Pflanzenteile sind für den Verzehr geeignet.

Verwendung: , 

Kurzcharakteristik: Alle Pflanzenteile sind als Nahrungsmittel verwertbar und liefern etliche Nährstoffe. Medizinisch gesehen ist die Pflanze durch ihre entzündungshemmenden Wirkstoffe wertvoll. Sie wirkt aber auch bei Verdauungsstörungen.

Inhaltsstoffe: Vitamin C, Öl, Zucker, Alliine (Aminosäuren)

Erntezeit: ganzjährig

Verwechslungsgefahr: Bärlauch wird häufig mit giftigen Pflanzen wie Maiglöckchen, Herbstzeitlose oder Aronstab verwechselt. Der Aronstab ist eine Pflanze, die in den ersten Stadien des Wachstums dem Bärlauch stark ähnelt. Wenn der Aronstab zusammen mit dem Bärlauch Anfang Februar das erste zusammengerollte Blatt aus dem Boden schießt (hier bei mir in Freiburg i. Br. manchmal schon Ende Januar!), gleicht er sehr dem Bärlauch; die Unterschiede können erst bei genauerem Hinsehen identifiziert werden. Je älter die Pflanzen werden, desto ungleicher werden sie. Es gibt immer wieder Standorte, an denen sich *beide* Pflanzen wohlfühlen und zeitgleich vorkommen.

Die beiden anderen Giftpflanzen, die gern mit dem Bärlauch verwechselt werden, nämlich die Herbstzeitlose und das Maiglöckchen, wachsen erst viel später (von April–Mai). Die Herbstzeitlose hat keinerlei sichtbare Übereinstimmungen, daher kann sie mit Bärlauch eigentlich nicht verwechselt werden, wenn man umsichtig und aufmerksam ist. Beim Maiglöckchen jedoch ist Vorsicht geboten, da diese Pflanze große Ähnlichkeiten mit dem Bärlauch aufweist. Erst bei genauerem Hinsehen ist das Maiglöckchen in einem Bärlauchfeld zu erkennen.

Beifuß, Gemeiner *(Artemisia vulgaris)*

Die alte Räucherpflanze der Schamanen dürfte dem ein oder anderen Allergiker bekannt sein, wenn er auf die Pollen des Beifußes allergisch reagiert. Noch bis vor etwa 200 Jahren war der Beifuß in Europa ein häufig verwendetes Gewürz. Die Pflanze wurzelt bis zu 1,50 m tief.

Standorte: nährstoffreiche Böden, trockene Wege, warme lockere Lehmböden, Ackerränder, teilweise an Ufern

Merkmale

- bis zu 240 cm hoch
- aufrechter, rötlich gefärbter Stängel
- grüne Blattoberseite, Unterseite grauweiß

Wermut, Beifuß: Gesamtpflanze, Blatt Unter- und Oberseite, Blüten, Stängel (im Uhrzeigersinn)

Essbarkeit: Alle oberirdischen Pflanzenteile sind zum Verzehr geeignet.

Verwendung:

Kurzcharakteristik: Stängel, Blätter und Blüten können gegessen werden. Weiter ist die Pflanze ein wertvolles Würzmittel, mit dem zubereitete Speisen verfeinert werden können. Beifuß kann auch medizinisch eingesetzt werden und spielt eine große Rolle in der volksmedizinischen Frauenheilkunde. Anwendungsgebiete sind unter anderem Blasenentzündungen, Übelkeit und Menstruationsbeschwerden.

Inhaltsstoffe: u. a. ätherisches Öl, Gerbstoffe, Triterpene

Verwechslungsgefahr: Es besteht Verwechslungsgefahr mit dem Gemeinen Wermut *(Artemisia absinthium)*. Wermut unterscheidet sich gegenüber dem Beifuß durch eine pelzige Behaarung, die beim Anschauen silbrig wirkt. Der Genuss höherer Dosen Wermuts wirkt toxisch! Außerdem kann sie mit der Beifuß-Ambrosie *(Ambrosia artemisiifolia)* verwechselt werden. Die Beifuß-Ambrosie löst bei manchen Allergikern heftigste Reaktionen aus. Sie ist in der Schweiz sogar meldepflichtig und ihre Verbreitung wird intensiv bekämpft.

	Beifuß	**Wermut (in hohen Dosen toxisch)**	**Beifuß-Ambrosie**
Stängel	glatt	pelzig behaart	behaarter Stängel, rot überlaufen
Blätter	glatt, oben grün, unten silbrig	pelzig behaart	pelzig behaart
Geruch	keiner	aromatisch	aromatisch
Erscheinungsbild gesamt	Grünpflanze	silbriger Habitus	Grünpflanze

▸ *Tabelle 3: Übersicht über die Erkennungsmerkmale des Gemeinen Beifußes zur Verminderung von Verwechslungen*

Beinwell, Echter *(Symphytum officinale)*

Der Beinwell ist eine alte Heil- und Nährpflanze, die zu den Borretschgewächsen zählt. Er wurde schon in der Antike genutzt und findet auch heute noch, z. B. in einer bekannten Salbe eines Pharmaherstellers, Verwendung. Es gibt unter den Beinwellpflanzen Hybriden, bei denen die Farbe der Blüte von Gelblich-Weiß bis hin zu Violett variiert. Aufgrund seines Aromas ist Beinwell ein ideales Gewürz.

Standorte: Ufer und feuchte Wegränder, nasse Wiesen, Auwälder

Merkmale

- bis zu 80 cm hoch
- raue, behaarte Pflanze
- fleischige Wurzeln
- häufig mehrere Pflanzen an einem Standort
- violette bis gelblich-weiße Blüten

Essbarkeit: Die in der Pflanze vorkommenden Pyrrolizidinalkaloide haben offenbar karzinogene Effekte; vom Verzehr größe-

▸ *Beinwell gesamt, Blüte*

Behaarter Beinwellstängel, Beinwellblatt

rer Mengen (alle Pflanzenteile sind essbar) muss deshalb abgeraten werden.

Verwendung: 🍽, ✚, ❀

Kurzcharakteristik: Aus medizinischer Sicht punktet die Pflanze wegen ihrer starken Heilwirkung in vielerlei Bereichen; so zum Beispiel vor allem bei äußerlicher Anwendung stumpfer Verletzungen an Knochen, Bändern und Sehnen.

Inhaltsstoffe: u. a. Allatoin, Stärke, Protein, Inulin

Verwechslungsgefahr: mit dem Fingerhut (Blätter ähneln sich im jungen Stadium)

Binse / Knäuel-Binse *(Juncus conglomeratus)*

Diese Art der Gräser ist durch einen runden, manchmal auch hohlen Stängel gekennzeichnet. In den meisten Fällen ist dieser aber mit einem weißen Mark gefüllt. Binsen sind immergrün, auch im Winter. Die bekannte, aber heute nicht mehr so häufig verwendete Redewendung „In die Binsen gegangen“, die wohl aus der Jägersprache stammt, meint, dass etwas zunichte gemacht wurde (z. B. indem sich ein Wasservogel vor dem Jäger „in die Binsen“ rettet).

Standorte: feuchte Böden, nasse, überflutete Standorte an Gewässern, Mooren usw.

Merkmale

- bis zu 100 cm hoch
- immergrün

▶ Oben: Binse: Gesamtpflanze, im Sommer (lks.), im Winter (r.)

- runde Stängel mit feinen Rippen, meistens mit weißem Mark gefüllt
- keine Blüten
- wachsen in großen Büscheln

Essbarkeit: nein

Verwendung: ⚒, ⓘ

Kurzcharakteristik: Die Binse ist nicht essbar. Jedoch lassen sich aufgrund der Beschaffenheit der Pflanze daraus Gefäße oder Seile fertigen. Die Binse ist zudem ein zuverlässiger Wasserindikator.

Inhaltsstoffe: –

Verwechslungsgefahr: Die Binse kann mit anderen Gräsern wie z. B. den Seggen (*Carex*) verwechselt werden.

Birke *(Betula pendula)*

Birken sind Pionierbäume, die nach Sturmschäden in den Wäldern auf vielerlei mageren Böden gedeihen. Die Birke stellt keine großen Ansprüche an ihren Standort. Kein Baum fällt wegen der Borke so ins Auge wie die Birke. Bei jungen Bäumen ist diese zu einem großen Teil weiß und schützt den Baum bei zu hoher Lichteinstrahlung vor Erhitzung. Birken können für viele Zwecke verwertet werden.

Standorte: lichte Laub- und Nadelwälder, Moore

Merkmale

- bis 30 m hoch
- weiße Borke
- dreiecksförmige Blätter

Essbarkeit: Die Blätter können verzehrt, der Saft kann ohne Aufbereitung direkt getrunken werden.

Verwendung:

Birke gesamt, Blatt, Stamm

Kurzcharakteristik: Die Blätter der Birke sind in jungem Stadium essbar. Der trinkbare Saft der Birke schmeckt süßlich und liefert bis zu 20 g Kohlehydrate pro Liter. Birkenholz hat unter den heimischen Hölzern den höchsten Heizwert. Die Rinde kann für die Herstellung von Gefäßen oder zum Entfachen eines Feuers genutzt werden. Birkenblätter eignen sich auch als Würzmittel.

Inhaltsstoffe: Ätherische Öle, Gerbstoffe, Bitterstoffe

Brennnessel, Große *(Urtica dioica)*

Häufig als Unkraut verschrien, ist die Brennnessel nichtsdestoweniger eine hochwertige Nahrungspflanze, die zudem für Survival- und Bushcraftzwecke äußerst wertvoll ist. Sie ist einfach zu identifizieren und kann nicht mit giftigen Pflanzen verwechselt werden. Die Brennnessel ist wehrhaft – sie hat die Besonderheit, dass ihre Brennhaare bei Berührung abbrechen; das injizierte Histamin verursacht Schwellungen und teilweise starke Schmer-

▶ *Brennnessel: Gesamtpflanze, Brennnesselblatt*

▶ *Brennnesselstängel mit Brennhaaren, Samen*

zen auf der Haut. Weniger robuste Gemüter sollten die Brennnessel deshalb mit Handschuhen pflücken oder diese mit einem Stück Textil zum Schutz der Hände anfassen. Manche Brennnesselarten, die im Ausland vorkommen, können bei Berührung teilweise lebensbedrohliche Konsequenzen für Mensch und Tier haben.

Standorte: Auwälder, Waldränder, Bachufer, Siedlungsnähe oder an Wegrändern im Wald

Merkmale

- bis zu 280 cm hoch
- Brennhaare an Stängeln und Blättern (oben und unten)
- kantiger Stängel
- gegenstehende Blätter

Essbarkeit: alle Pflanzenteile

Verwendung: 🍽, ⚒, ✚

Kurzcharakteristik: Aufgrund ihres Vitaminreichtums, ihrer Mineralstoffe und fetten Öle (in den Samen) ist die Brennnessel eine wichtige Nahrungsquelle. Sie eignet sich wegen der Bastfasern außerdem zum Fertigen von belastbaren Schnüren und Seilen. Auch die Brennnessel besitzt Heilwirkungen; sie wirkt zum Beispiel harntreibend und durchblutungsfördernd und hat eine positive Wirkung auf Leber und Galle.

Inhaltsstoffe: u. a. Vitamin C, Vitamin A, Eisen, Kalium, Magnesium

Verwechslungsgefahr: Es besteht Verwechslungsgefahr mit den ungiftigen Taubnesseln oder dem ungiftigen Waldziest (► S. 123).

Brombeere *(Rubus sectio Rubus)*

Wer kennt sie nicht, die Brombeere? Dieses Gewächs ruft bei den meisten Menschen in unseren Breiten sicherlich umgehend deren saftige und wohlschmeckende Früchte in Erinnerung. Doch die Brombeere kann weitaus mehr als nur Früchte zum Verzehr zu liefern. Sie hat aus der Sicht des „Bushcrafts“ den großen Vorteil, dass die Blätter auch im Winter verfügbar sind und z. B. als Tee gegen Durchfallerkrankungen verwendet werden können.

Standorte: lichte Wälder, Waldränder, Lichtungen und Böschungen

Merkmale

- bis zu 300 cm hoch
- Stacheln an der Unterseite der Blätter und an den Zweigen
- dunkelblaue Früchte
- weiße oder rosafarbene Blüten

Brombeere: Gesamtpflanze, Blüte, Stängel, Frucht

Essbarkeit: Blätter, Blüten und Wurzeln sind zum Verzehr geeignet.

Verwendung: 🍽, ✚

Kurzcharakteristik: Die Blätter des Brombeerstrauchs, aber auch die Beeren sind essbar. Brombeerblätter können roh oder getrocknet in Tees zu medizinischen Zwecken genutzt werden. Bei Fieber- und Durchfallerkrankungen wirken Brombeerblätter im Tee lindernd.

Inhaltsstoffe: u. a. Gerbstoffe. Früchte enthalten Vitamin C und Traubenzucker

Verwechslungsgefahr: –

▸ *Rotbuche: Stamm, gesamt*

Buche, Rotbuche *(Fagus sylvatica)*

Die Rotbuche ist die in Mitteleuropa am häufigsten anzutreffende Laubbaumart. Das Waldbild vor vielen hundert Jahren bestand überwiegend aus Buchen. Mittlerweile gibt es wegen der

Durchforstung und dem Raubbau an der Natur nur noch wenige „Urwälder" in Europa, die zu einem großen Teil aus alten Rotbuchen bestehen.

Standorte: Laub- und Mischwälder

Merkmale

- bis zu 35 m hoch
- glatte, hellgraue Rinde
- Bucheckern
- an den Blatträndern rund, nicht gesägt

Essbarkeit: Junge Blätter, Keimlinge und Bucheneckernnüsschen sind zum Verzehr geeignet.

▶ *Rotbuchenblatt, Keimling*

Verwendung: 🍽, ⚒, ✚

Kurzcharakteristik: Junge Blätter, Keimlinge und die Nüsschen der Bucheckern können gegessen werden. Im Winter lassen sich auch die jungen Knospen zum Verzehr verarbeiten. Die Rotbuche liefert ein lange brennendes Holz mit einer großen Hitzeentwicklung. Einige Buchenbestandteile finden auch medizinisch Verwendung; so zum Beispiel gegen Fieber oder bei Hustenbeschwerden.

Verwechslungsgefahr: … besteht mit der ungiftigen Hainbuche *(Carpinus betulus)*. Diese zählt botanisch gesehen jedoch zu den Birken.

Dost, Gemeiner (*Origanum vulgare*)

Der Gemeine Dost heißt biologisch korrekt eigentlich Oregano. In manchen Teilen Deutschlands wird er auch Wilder Majoran

Dost gesamt, Blätter, Blüte, Stängel (im Uhrzeigersinn)

genannt. Wir kennen diese Pflanze aus der Gewürzdose als Gewürz für mediterrane Speisen. Er eignet sich aber nicht nur zum Würzen, sondern besitzt auch Heilwirkungen und kann überdies in rauchbaren Kräutermischungen verwertet werden. Ein Dostfeld duftet im Übrigen bereits von Ferne.

Standorte: warme, sonnige Standorte in trockenen und lichten Wäldern, Magerrasen

Merkmale

- bis zu 80 m hoch
- Blüte hellrosa bis violett
- oft punktierte Blätter, wenn man von unten schaut
- vierkantiger Stängel
- aromatischer Duft

Essbarkeit: Alle Pflanzenteile sind zum Verzehr geeignet.

Verwendung: , , ,

Kurzcharakteristik: Dost kann gegessen und als aromatisches Gewürz genutzt werden. Durch die ätherischen Öle, die im Dost vorhanden sind, entfaltet er auch medizinische Wirkungen. Als Tee wirkt er bei Husten, Verdauungsstörungen und Mundentzündungen.

Inhaltsstoffe: ätherische Öle, Gerbstoffe

Verwechslungsgefahr: –

Eiche / Stieleiche *(Quercus robur)*

Stieleichen sind auch bekannt unter dem Namen Deutsche Eiche. Sie ist die in Mitteleuropa verbreitetste Eichenart, die sehr alt werden kann. Mehrere hundert Jahre Alter sind für die Eiche keine Seltenheit. An manchen Orten findet man diese mit einem Stammdurchmesser von sagenhaften fünf Metern. Die stärkehaltigen Eicheln sind die charakteristischen Früchte der Eiche. Wo es Buchen zu trocken ist, behaupten sich die Eichen.

Eiche gesamt im Sommer, Eiche gesamt im Winter

Standorte: Eichenmischwälder, Hartholzauen

Merkmale

- bis zu 40 m hoch
- knorriges Erscheinungsbild im Alter
- längsrissige, graubraune Borke
- Eicheln
- gelappte Blätter

Essbarkeit: Die Eicheln sind zum Verzehr geeignet.

Verwendung: 🍽, ⚒, ✚

Kurzcharakteristik: Rohe Eicheln sind aufgrund enthaltener Gerbstoffe für den Menschen ungenießbar. Es gibt aber Möglichkeiten, die Gerbstoffe zu entfernen. Ein erfolgversprechender Weg ist das Wässern der Eicheln. Sie können zum Beispiel einen Korb voller Eicheln einfach zwei Tage in einen Fluss hängen. Wenn sie in einem Topf gewässert werden, muss das so lange praktiziert werden, bis das Wasser, das mehrfach gewechselt werden sollte, endlich klar bleibt und sich nicht mehr verfärbt. Dann sind die Gerbstoffe entfernt und die Eicheln genießbar (siehe auch ► S. 154).

► *Eichenstamm, Eichenblatt, Eichel*

Eichenholz ist auch ein hervorragendes Brennholz. Aus dem Auszug, der aus der Rinde gewonnen werden kann, kann ein Mittel mit arzneilicher Wirkung hergestellt werden, das zum Beispiel gut bei entzündlichen Hauterkrankungen (Neurodermitis, Ekzem), aber auch bei Schleimhautentzündungen im Genital- und Analbereich (Scheidenentzündung, Hämorrhoiden) und bei Durchfall wirksam ist.

Inhaltsstoffe: u. a. in der Rinde Triterpene, Gerbstoffe und Flavonoide

Verwechslungsgefahr: –

Fichte, Gemeine *(Picea abies)*

Die Gemeine Fichte ist auch unter dem Namen Rottanne bekannt. Sie ist einer der am vielseitigsten verwertbaren Bäume für den Survival- und Bushcraft-Zweck. Als schnell wachsender Baum wurde die Fichte in der Vergangenheit in Deutschland in etlichen landschaftsverschandelnden Monokulturen gepflanzt. Da die Fichte nur wenig Licht durch ihre Kronen lässt und aufgrund der abfallenden Nadeln, die das Erdreich versäuern und jahrelang auf dem Boden liegen, findet man an Stellen, an denen Fichten wachsen, meistens nur wenige oder gar keine weiteren Pflanzen. Größere Ansammlungen von Fichten bieten sich durch ihre dichte Krone häufig als guter Sicht- und Wetterschutz an.

Standorte: niedere Lagen, Gebirge bis 1800 m

Merkmale

- bis zu 50 m hoch
- in tiefen Regionen braun-rötlicher Stamm, in höheren Lagen grau-silbrig
- stechende Nadeln, die nach vorne hin spitz zulaufen
- oft in den ersten zwei Dritteln des Stammes abgestorbene Äste (Reisig), Krone grün
- hängende Äste

Essbarkeit: Junge Triebspitzen und Samen der Zapfen sind zum Verzehr geeignet.

Verwendung: 🍽, ⚒, ✚

Kurzcharakteristik: Junge Triebe und Samen aus den Zapfen der Fichte sind essbar, die Nadeln können zur Teezubereitung ge-

► *Im Uhrzeigersinn: Fichtenzapfen, hängende Äste, Fichtenstamm, gesamt*

nutzt werden. Baumharz der Fichte ist ein universeller Kleb- und Dichtstoff. Das Holz eignet sich zum Bohren von Feuer sowie als Zundermaterial. Medizinisch wirkt die Fichte durch ihre ätherischen Öle z. B. im Fichtennadeltee bei Atemwegserkankungen wie z. B. Bronchitis oder Husten.

Inhaltsstoffe: u. a. ätherisches Öl. In den Triebspitzen auch Vitamin C und Zucker; in den Zapfen ölhaltige Samen

Verwechslungsgefahr: Ist der Baum jünger, kann es zur Verwechslung mit der seltener vorkommenden hochgiftigen Eibe *(Taxus baccata)* kommen.

	Gemeine Fichte	Eibe (giftig)
		► S. 164
Nadeln	steif und stechend einfarbig aromatisch riechend, wenn man diese knickt	weich und nicht spitz zulaufend Oberseite glänzend grün Unterseite hellgrün Nadeln brechen beim Biegen sofort
Vorkommen	häufig	eher selten
Stamm	rötlich, oft relativ gleichmäßig mit abgestorbenen Ästen (Reisig)	rötlich, mit Schuppen; fast alle Äste sind benadelt
Zapfen	holzige Fichtenzapfen	weiche kleine Zapfen, Samenmantel wechselt zur roten Eiben(schein)frucht

► *Tabelle 4: Übersicht der Erkennungsmerkmale der Gemeinen Fichte zur Verminderung von Verwechslungen*

Flügel- oder Staudenknöterich, Japanischer
(Fallopia japonica)

Der Japanische Flügel- oder Staudenknöterich ist eine Pflanze, die sich stark verbreitet. Kleinste Teile der Wurzel genügen, um einen neuen Bestand zu bilden. Die Wurzel breitet sich meterweit unter der Erde aus. Das Wachstum der unterirdischen Pflanzenteile geschieht sehr rasch.

Die Pflanze ist äußerst frostempfindlich und stirbt bei Kälteeinbruch oberirdisch schnell ab.

Standorte: Bach- und Flussufer, Waldränder, Standorte mit feuchten Böden

▶ *Flügelknöterich gesamt (r.), Blatt (oben), Stängel*

Merkmale

- bis zu 350 cm hoch
- rotfleckige, dicht belaubte und hohle Stängel
- breite, nach oben hin spitz zulaufende Blätter

Essbarkeit: Die gesamte Pflanze ist zum Verzehr geeignet.

Verwendung:

Kurzcharakteristik: Junge Triebe und Samen sind im Frühjahr essbar. Die Wurzel kann auch zum Verzehr genutzt werden. Die dicken Stängel des Knöterichs eignen sich als schmale Gefäße. Da der Japanische Flügel- oder Staudenknöterich erst seit kurzem in unseren Breiten wächst, gibt es bisher kaum volksmedizinische Anwendungen. In ihrer Wirkung wird die Pflanze als antibakteriell, entzündungshemmend, schmerzlindernd und fungizid (pilze- und sporenabtötend) beschrieben. Äußerlich können zerstoßene Blätter oder Wurzeln zur Wundheilung und bei Hautentzündungen angewendet werden.

Inhaltsstoffe: u. a. Oxalsäure, Eiweiß, in der Wurzel Stärke

Verwechslungsgefahr: –

Giersch *(Aegopodium podagraria)*

Eine alte Heilpflanze, die schon im Mittelalter Verwendung fand und in manchen Teilen Deutschlands auch Geißfuß genannt wird, ist der Giersch. Das bekannte Rohgemüse schmeckt etwas nach Petersilie. Selten als Einzelpflanze vorkommend, sieht man ihn immer wieder an Waldwegrändern oder in Gärten in großer Anzahl wachsen. Die Pflanze treibt sehr früh aus und man findet

Im Uhrzeigersinn: Giersch gesamt, Stängel junger Pflanze, Giersch mit nach unten abstehenden Blättern, junger Giersch

sie grün noch bis spät ins Jahr hinein. Mit etwas Glück findet man in Bodennähe sogar im Winter noch Blätter des Gierschs.

Standorte: Gebüsche, (verwildernde) Gärten, Wälder, Waldränder

Merkmale

- bis zu 100 cm hoch
- dreikantiger, aufrechter Stängel
- tritt in der Regel in großer Zahl auf
- zwei nach unten abstehende Blätter

Essbarkeit: Die gesamte Pflanze ist zum Verzehr geeignet.

Verwendung: 🍽, ✚

Kurzcharakteristik: Giersch ist eine ausgezeichnete Nahrungsquelle; alle Pflanzenteile sind essbar. Der Giersch kann medizinisch innerlich – er wirkt abführend und entwässernd – und äußerlich, z. B. in zerriebener Form auf der Haut bei Mückenstichen, verwendet werden.

Inhaltsstoffe: u. a. Kalium, Magnesium, Calcium, Vitamin C, Eiweiß

Verwechslungsgefahr: Aufgrund seiner Zugehörigkeit zu den Doldenblütlern besteht Verwechslungsgefahr mit teilweise ähnlichen, aber giftigen Pflanzen. Als Beispiele können hier der Gefleckte Schierling *(Conium maculatum,* ► S. 170*)* oder die Gemeine Hundspetersilie *(Aethusa cynapium)* angeführt werden.

Goldrute, Kanadische *(Solidago canadensis)*

Die alte Färberpflanze, die, wie ihr Name schon sagt, ursprünglich in Nordamerika beheimatet war, erkennt man während der Blüte schon oft von weitem, da die goldgelben Blüten aufgrund ihres intensiven Farbtons ins Auge stechen. Die Goldrute ist eine Heilpflanze; ihr Haupteinsatzgebiet ist der Nieren-Blasen-Apparat; sie wirkt stark harntreibend. Für den Survivaler/Bushcrafter, der im Ernstfall womöglich mit nasser Bekleidung während kalter Tage überleben muss und damit Gefahr läuft, sich Erkrankungen des Nieren-Blasen-Apparat einzufangen, ist die Goldrute von dieser Warte aus gesehen eine wichtige Pflanze.

Auch während der kalten Jahreszeit kann die Pflanze verwertet werden. Im Winter bleibt das Skelett der Goldrute stehen und

Goldrute gesamt (lks. oben), Blüte (r. oben), Goldrutenblatt, abgestorbene Blüte im Winter (lks.), Blatt

zeigt die Pflanze an. In Deutschland kommen auch die Riesengoldrute und die Gewöhnliche Goldrute vor; alle Pflanzen sind in der Anwendung gleich. Die Blätter der Goldrute lassen sich ganz einfach (wie auf den Bildern auf S. 62 ersichtlich) durch Abstreifen zwischen den Fingern von oben nach unten ernten. Damit entfällt das mühselige Abzupfen von Einzelblättern.

▸ *Goldrute, Blatternte*

Standorte: Ufer, Auwälder, Gewässerränder, trockene Lehmböden

Merkmale

- bis zu 250 cm hoch
- aufrechter Stängel
- tritt in großen Mengen auf
- goldgelbe Blüten
- gesägte Blattränder, lanzettliche Blätter

Essbarkeit: Die gesamte Pflanze ist zum Verzehr geeignet.

Verwendung: 🍽, ⚒, ✚

Kurzcharakteristik: Bei der Goldrute sind sowohl die Blätter und die jungen Stängelspitzen als auch die Wurzel essbar. Abgestorbene Blüten lassen sich bis ins Folgejahr als Anzündmaterial und die Stängel als Zundermaterial verwenden. Medizinisch wirkt die Goldrute bei Blasen- und Nierenkrankheiten und wirkt bei Depressionen.

Inhaltsstoffe: u. a. Bitterstoffe, Inulin, ätherisches Öl

Verwechslungsgefahr: –

Gundermann *(Glechoma hederacea)*

Im Europa ist Gundermann weit verbreitet. Die Pflanze schmeckt stark würzig und behält das ganze Jahr über ihre Blätter. Gundermann ist einfach zu erkennen; beim Zerreiben der Blätter zwischen den Fingern verströmt die Pflanze einen aromatischen Duft. Die in der Pflanze vorkommenden Bitterstoffe wirken appetitanregend.

Standorte: Wälder, Hecken, Auengebüsche, nährstoffreiche Wiesen im Halbschatten

Merkmale

- bis zu 30 cm hoch
- wintergrün
- die Länge der Blattstiele entspricht etwa der Blattlänge
- rundlich-nierenförmige Blätter mit kerbigen Rändern

Essbarkeit: Die gesamte Pflanze ist zum Verzehr geeignet.

Verwendung: 🍽, ✚

▶ *Gundermann gesamt, Blüte, Stängel, Blätter (im Uhrzeigersinn)*

Kurzcharakteristik: Gundermann kann als ganze Pflanze gegessen werden, vorwiegend werden aber die Blätter verzehrt. Ätherische Öle in der Pflanze entfalten auch eine medizinische Heilwirkung; vor allem bei Magen-Darm-Problemen.

Inhaltsstoffe: u. a. Gerb- und Bitterstoffe, ätherisches Öl, Vitamin C

Verwechslungsgefahr: –

Günsel, Kriechender *(Ajuga reptans)*

Der Günsel dürfte, obwohl er essbar ist, aufgrund seines sehr strengen, bitteren Geschmacks nicht unbedingt freiwillig auf den Speiseplan gesetzt werden; unbestritten sind aber seine medizinischen Wirkungen. Günsel ist eine wintergrüne Pflanze, die äußerst gerbstoffreich ist. Die Heilwirkungen des Günsels sind daher beachtlich.

Standorte: Wiesen, Wälder, Waldränder, Hecken

Merkmale

- bis zu 30 cm hoch
- vierkantiger Stängel

Günsel gesamt, Stängel

▶ Günselblüten, Blatt

- gegenständige Blätter
- kreuzförmige Anordnung der Blätter (von oben betrachtet)
- blauweiße Lippenblüten

Essbarkeit: Die gesamte Pflanze ist zum Verzehr geeignet.

Verwendung: 🍽, ✚

Kurzcharakteristik: Kriechender Günsel ist komplett essbar. Der Geschmack ist aber stark bitter. Wegen der enthaltenen Gerbstoffe hat die Pflanze eine starke medizinische Wirkung. Entzündungen im Rachen- und Mundraum können zum Beispiel mit dem Günsel behandelt werden.

Inhaltsstoffe: u. a. über 20 % Gerbstoffe

Verwechslungsgefahr: –

Hasel, Gemeine *(Corylus avellana)*

Der Haselstrauch wächst in ganz Europa und eignet sich gerade wegen der senkrecht nach oben wachsenden Triebe ideal zur Werkzeugherstellung. Das Holz des Strauches lässt sich sehr gut bearbeiten, es ist gut spaltbar und relativ weich. Die Gemeine Hasel ist wegen der Nüsse eine wichtige Nahrungsquelle für Säuger und Vögel.

Standorte: lichtere Laubwälder, Waldränder

Merkmale

- bis zu 6 m hoch
- graubraune Rinde, glänzend mit Flecken

- gesägte Blattränder
- senkrecht wachsende Jungtriebe am Strauch

Essbarkeit: Die jungen Blätter und Nüsse sind zum Verzehr geeignet.

Verwendung: 🍽, ⚒, ✚

Kurzcharakteristik: Der Haselstrauch verfügt über Blätter, die im jungen Stadium essbar sind. Die Nüsse sind eine wertvolle Energiequelle und machen satt. Ansonsten kann das Holz für

Im Uhrzeigersinn: Hasel gesamt, Stamm, Blatt, Blüte

verschiedene Zwecke eingesetzt werden: Die Zweige können zum Beispiel als Feuerbohrer oder als Stangen für Aufbauten verschiedenster Art dienen. Die Nüsse haben aufgrund der Inhaltsstoffe einen hohen gesundheitlichen Wert (wertvolle Vitamine, Fette, Mineralstoffe).

Inhaltsstoffe: u. a. ätherisches Öl, Nüsse enthalten Fette, Eiweiß, Vitamine, Mineralstoffe

Verwechslungsgefahr: –

Holunder, Schwarzer *(Sambucus nigra)*

Diese aus der Volksmedizin sehr bekannte Pflanze soll bei 40 Krankheiten eine lindernde Wirkung entfalten. Das scheint wohl einer der Gründe zu sein, warum man den Holunderstrauch insbesondere noch vor alten Bauernhöfen findet. Die Pflanze ist eine Art Tausendsassa: Sie kann im Heilbereich oder zum Feuermachen eingesetzt oder auch einfach verzehrt werden. Der Holunder eignet sich aufgrund seines Holzes überdies noch für andere Bushcraft-Zwecke (► Kurzcharakteristik).

Standorte: in Siedlungsnähe, an Waldrändern und -lichtungen, Hecken

Merkmale

- bis zu 11 m hoch
- an den jüngeren Trieben auffällige Korkporen
- Blattfiedern bestehen aus 5–7 Einzelblättern
- typischer Holundergeruch beim Zerreiben der Blätter

	Schwarzer Holunder	Zwerg-Holunder (giftig)
Blätter	5–7 Blätter	7–9 Blätter
Früchte	hängend	hochstehend
Geruch	Duft	unangenehm
Blüten	fast identisch mit Zwerg-Holunder	fast identisch mit dem Schwarzen Holunder
Größe	bis 11 m	bis 170 cm

► *Tabelle 5: Übersicht der Erkennungsmerkmale des Holunders zur Verminderung von Verwechslungen*

Im Uhrzeigersinn: Holunderblätter, Holunder gesamt, Blüten, Stamm

Essbarkeit: Die Blüten und Früchte des Holunders sind zum Verzehr geeignet.

Verwendung: 🍽, ⚒, ✚

Kurzcharakteristik: Holunderblüten sind roh essbar, die Früchte nach entsprechender Vorbehandlung auch. Das feste Holz bietet dem Anwender eine Fülle an Einsatzmöglichkeiten: Feuer bohren, Anzündmaterial, Trinkhalmherstellung, Schnitzholz usw. Das medizinische Einsatzspektrum ist sehr groß, weswegen die Pflanze in der Volksmedizin einen hohen Stellenwert besitzt. Holunder wirkt bei Erkältungen, Grippe, Schnupfen und Fieber.

Inhaltsstoffe: u. a. Früchte: Vitamin C, Zucker, ätherisches Öl. Blüten: ätherisches Öl, Kaliumsalze

Liebe Leserin, lieber Leser,

herzlichen Dank für Ihr Interesse an unseren Büchern! Der Leopold Stocker Verlag ist ein unabhängiges Familienunternehmen, deshalb ist uns der Kontakt mit unseren Kunden besonders wichtig. Wir senden Ihnen in Zukunft gerne Informationen über unsere Neuerscheinungen zu und bitten Sie, uns Ihre Fragen, Wünsche und Anregungen mitzuteilen!

Mit herzlichen Grüßen

Mag. Wolfgang Dvorak-Stocker

Diese Karte entnahm ich dem Buch: ______________________________

Fragen/Anregungen/Kommentare und Kritik zu diesem Buch oder unserem Programm:

____

____

____

Leopold Stocker Verlag GmbH, Hofgasse 5, 8010 Graz, Österreich
Tel.: +43/316/82 16 36, Fax: +43/316/83 56 12, E-Mail: stocker-verlag@stocker-verlag.com

Besuchen Sie uns auch im Internet: www.stocker-verlag.com

stv

Name

Straße

PLZ Ort

Telefon

E-Mail

☐ (Pflichtfeld) Ich bestätige, dass ich das 16. Lebensjahr vollendet habe und erteile meine ausdrückliche Zustimmung, dass die von mir oben angegeben Daten durch die Leopold Stocker Verlag GmbH zum Zweck der Vertragserfüllung und Leistungserbringung verarbeitet und an Auftragsverarbeiter weitergegeben werden, UND dass

☐ die angegeben Daten durch die Leopold Stocker Verlag GmbH zum Zweck des Newsletterversands verarbeitet, an Auftragsverarbeiter weitergegeben werden und ich werbliche Informationen und Angebote via Post, E-Mail, Telefon erhalte.

Ich kann meine Zustimmung jederzeit widerrufen. Dafür wende ich mich an die Leopold Stocker Verlag GmbH (Hofgasse 5, A-8010 Graz; Tel: 0043316/821636; E-Mail: datenschutz@stocker-verlag.com). Alle Infos: www.stocker-verlag.com/datenschutz.

Datum____________Unterschrift ____________________________

Bitte frankieren!

ANTWORTSENDUNG

Leopold Stocker Verlag

Postfach 438
Hofgasse 5
8011 Graz

Verwechslungsgefahr: Es besteht Verwechslungsgefahr mit dem Roten Holunder (*Sambucus racemosa*) sowie mit dem giftigen Zwergholunder oder Attich *(Sambucus ebulus)*.

Giftiger Zwergholunder

Hopfen, Wilder (*Humulus lupulus*)

Die Kletterpflanze Hopfen, die gelegentlich große Abschnitte von Waldrändern überwuchert, dürfte den meisten vom Bierbrauen her bekannt sein. Beim Würzekochen (ein Prozessschritt beim Bierbrauen) wirkt sich die Menge des verwendeten Hopfens auf die Haltbarkeit und den Geschmack des Biers aus. Wenn man manche Biersorten öffnet, nimmt man einen ähnlichen Geruch wie Cannabis wahr, was an der verwendeten Hopfensorte liegt.

Standorte: Waldränder, Auwälder, Gebüsche

Merkmale

- bis zu 6 m hoch
- Blätter ähneln den Blättern der Weinrebe
- Rankpflanze
- Blütengeruch erinnert teilweise an Cannabis

Essbarkeit: Die Frühjahrstriebe und die Blüten sind zum Verzehr geeignet.

Verwendung: 🍽, ⚒, ✚

Kurzcharakteristik: Junge Hopfentriebe, junge Blätter sowie die Blüten lassen sich roh verzehren. Gekocht verlieren die Triebe ihren kratzigen Beigeschmack. Die Blüten nutzt man im Tee. Die Wurzeln können auch zum Essen genutzt werden. Hopfen kann aufgrund der Inhaltsstoffe auch für medizinische Zwecke eingesetzt werden. Hopfenzapfen im Tee sind geeignet bei Unruhe und zur äußerlichen Behandlung von Wunden. Die Hopfenranken können als einfaches Bindematerial verwendet werden.

Inhaltsstoffe: u. a. Hopfenharz mit Humulon und Lupolon, ätherisches Öl

Hopfen mit Blüten gesamt, Blatt, Blüten, Hopfenranke (von oben nach unten)

Verwechslungsgefahr: Es besteht eine mögliche Verwechslungsgefahr mit der Gemeinen Waldrebe *(Clematis vitalba)*, die giftige Pflanzenteile aufweist.

Waldrebe

Huflattich *(Tussilago farfara)*

Der Huflattich ist eine der frühblühenden Pflanzen im Jahr. Man findet ihn häufig schon Anfang Februar, wenn er bereits geerntet werden kann. Typisch für den Huflattich ist, dass zuerst der Stängel mit den Blüten aus dem Boden treibt, später folgen dann die Blätter. Schon die Benediktinerin Hildegard von Bingen (1089–1179) erwähnte im Mittelalter den Huflattlich und seine Heilwirkungen in ihren Abhandlungen.

Standorte: Ufer, Wegränder, Steinschutt

Merkmale

- bis zu 25 cm hoch
- einer der ersten Frühjahrsblüher
- braune Blattschuppen an den Stängeln
- Blattform sehr markant, sind an der Unterseite behaart

▸ *Bilder oben: Blatt-Oberseite, Blatt-Unterseite, Samen (r. unten), Huflattich gesamt (lks. unten)*

Essbarkeit: Die gesamte Pflanze ist zum Verzehr geeignet. Jedoch sollte die Pflanze aufgrund schädlicher Pyrrolizidin-Alkaloide nicht über einen längeren Zeitraum als Nahrungsmittel genutzt werden.

Verwendung: 🍽, ⚒, ✚

Kurzcharakteristik: Alle Teile des Huflattichs können gegessen werden; als Tee wirkt er aufgrund seiner ätherischen Öle u. a. bei Atemwegserkrankungen. Die Pflanze schmeckt angenehm mild. Die Schirmchen mit den Früchten können als Anzündmaterial eingesetzt werden. Huflattichblätter eignen sich als Toilettenpapierersatz.

Inhaltsstoffe: u. a. Schleimstoffe, Inulin, Gerbstoffe

Verwechslungsgefahr: Es besteht Verwechslungsgefahr mir der nicht essbaren Gewöhnlichen Pestwurz *(Petasites hybridus)*.

Hundsrose *(Rosa canina)*

Die Hundsrose ist ein in Europa weit verbreiteter Strauch, der sehr alt werden kann (über 200 Jahre sind möglich). Der Vitamin-C-Gehalt der Früchte übersteigt den von anderen Obst- oder Gemüsesorten um ein Vielfaches. Die Pflanze wird im Volksmund fälschlicherweise als „Hagebuttenstrauch" bezeichnet. Der Name „Hagebutte" beschreibt jedoch nur die roten Früchte des Strauches. Die Hundsrose gehört zu den wenigen Pflanzen, die im Winter brauchbare und hochkalorienreiche Nahrung bieten.

Standorte: Gebüsche, Wegränder, lichte Wälder

Merkmale

- bis zu 300 cm hoch
- Hecke, auch als Ranke wachsend
- dicke Stacheln
- rugbyballförmige rote Früchte (Hagebutten)
- rosa Blüten

Essbarkeit: Die Früchte der Hundsrose sind zum Verzehr geeignet.

Verwendung: 🍽, ✚

Kurzcharakteristik: Das süßschmeckende Fruchtfleisch der Hagebutte kann roh gegessen werden. Wenn man die Samen auf

▶ *Hundsrose gesamt, Blätter, Frucht, Stacheln (im Uhrzeigersinn)*

einem Stein röstet, können diese gemahlen auch in der Nahrung verwertet werden. Medizinisch gesehen kann die Hagebutte sowohl äußerlich als auch innerlich angewendet werden. Vor allem hilft Hagebuttentee bei Erkältungen.

Inhaltsstoffe: u. a. Höchstmengen Vitamin C, Zucker, Gerbstoffe, ätherische Öle

Verwechslungsgefahr: Es besteht Verwechslungsgefahr mit der kartoffelblättrigen Rose (*Rosa rugosa*), die in hiesigen Breiten aber vor allem als Zierpflanze vorkommt. Wegen ihrer Salzresistenz trifft man sie auch an Küsten an. Die Früchte können genauso wie die Hagebutten verwertet werden.

Johanniskraut, Echtes *(Hypericum perforatum)*

Das Johanniskraut ist vielen Menschen als fertiges Präparat in Pillen- oder Teeform aus der Drogerie oder dem Supermarkt bekannt. Die Pflanze wächst wild bei uns in Europa und ist bekannt für ihre Heilwirkung. Mittlerweile ist sie auch schulmedizinisch anerkannt.

Standorte: Waldränder, Wegränder, Böschungen

Merkmale

- bis zu 100 cm hoch
- gelbe Blüten färben die Fingerkuppen beim Zerreiben rot
- Blätter enthalten Öldrüsen, die wie Löcher wirken

▸ *Johanniskraut gesamt; Blüte, Blätter; Öldrüsen in Blättern; Hypericin, der färbende Bestandteil des Johanniskrautes*

Essbarkeit: –

Verwendung: 🍽, ✚

Kurzcharakteristik: Das Johanniskraut wirkt unter anderem abschwellend, adstringierend, antibakteriell, antibiotisch, beruhigend, entzündungshemmend sowie krampf- und schleimlösend. Darüber hinaus wirkt es sich positiv auf den Bewegungsapparat und die Haut aus.

Inhaltsstoffe: u. a. Hypericin

Verwechslungsgefahr: –

Kiefer / Waldkiefer *(Pinus sylvestris)*

Dieser, was den Boden betrifft, anspruchslose Baum wächst sogar auf sandigen Böden oder in einer Felsritze. Man erkennt die Kiefer an ihren Nadeln, denn kein anderer Baum der Heimat hat so lange Nadeln, die immer paarweise am Zweig wachsen. Auch die knorrige Form der meisten Kiefern fällt schon von weitem ins Auge. In den vergangenen Jahrhunderten war die Kiefer ein wichtiger Lieferant von Kienspan, der, angezündet, unter anderem als Kerzenersatz für die armen Leute diente.

Kiefer gesamt

Standorte: trockene, sandige Böden, moorige Standorte

Merkmale

- bis zu 45 m hoch
- lange Nadeln, die immer als „Zweierpack" wachsen
- unregelmäßige, schuppige Borke mit rötlichem Farbstich

Essbarkeit: Die Triebspitzen im Frühjahr und die Zapfensamen sind essbar.

Verwendung: 🍽, ⚒, ✚

Kurzcharakteristik: Die Triebspitzen im Frühjahr und die Zapfensamen sind essbar.

Doppelte Kiefernadeln, Stamm einer Kiefer

Die Samen spenden wertvolle Energie. Kiefern liefern wichtigen Kienspan und Harz zum Entfachen eines Feuers. Die Nadeln können in einem Tee aufgebrüht werden und entfalten ihre medizinische Wirkung vor allem bei Husten und Bronchitis.

Inhaltsstoffe: u. a. ätherisches Öl, Bitterstoffe, Harz, Vitamin C
Verwechslungsgefahr: –

Klette, Große *(Arctium lappa)*

Die Große Klette ist eine vielfältig zu gebrauchende Pflanze, die schon früh als Nutzpflanze Erwähnung fand. Die Kletten dienten zum Beispiel als bionische Vorlage für den Klettverschluss, den der Schweizer Ingenieur Georges de Mestral erfand (1951 patentiert). Die Pflanzenform, die Größe und die typischen Fruchtstände mit den Widerhaken machen die Pflanze verwechslungssicher. Klettenblätter schmecken sehr bitter und sind alles andere als ein Genuss.

Standorte: Ufer, Wegränder, gelegentlich in Wäldern
Merkmale
- bis zu 150 cm hoch
- mit Mark gefüllter Stängel
- purpurne Blütenköpfe
- typische Widerhaken an den Früchten

Essbarkeit: Wurzel und Samen sind zum Verzehr geeignet.
Verwendung: 🍽, ⚒, ✚

▶ *Klette gesamt, im Winter, Blatt, Blüte (im Uhrzeigersinn)*

Kurzcharakteristik: Da die Pflanze viel Inulin in den Wurzeln einlagert, ist sie eine wichtige Nährstoffquelle in Überlebenssituationen. Blätter, Blüten, Sprosse, Mark, Samen und Wurzeln sind essbar. Die Klette eignet sich außerdem zur Schnurherstellung, die großen Blätter sind als Abdeckung von Hüttendächern dienlich, als Gefäßersatz zum Aufbereiten von Wasser oder als

Sitzunterlage auf nassem Boden. Auch in der Volksmedizin findet die Klette äußerlich zur unterstützenden Wundheilung von Brandwunden oder bei Ekzemen Verwendung.

Inhaltsstoffe: ätherische Öle, Inulin, Gerbstoffe

Verwechslungsgefahr: –

Knoblauchsrauke *(Alliaria petiolata)*

Die Knoblauchsrauke riecht sehr würzig und schmeckt pfeffrig-scharf. Die Blätter riechen besser als sie schmecken; man findet sie fast ganzjährig, im Winter jedoch meistens kleiner gewachsen. Ein großer Vorteil an der Knoblauchsrauke besteht darin, dass man in den meisten Fällen das Skelett der abgestorbenen Pflanze auch in der kalten Jahreszeit findet, weil es selbst noch aus einer geschlossenen Schneedecke herausragt. Eine Identifikation ist deshalb vergleichsweise einfach.

Standorte: Laubwälder, Waldränder, Hecken, Bachufer

Merkmale

- bis zu 1 m hoch
- (alte) Blätter unten oft nierenförmig, am oberen Stängel spitz geformt
- abstehende Schoten wie Antennen, die sich mit der Zeit bräunlich verfärben
- typischer Lauchgeruch beim Verreiben der Blätter
- Stängel nach unten hin zunehmend haarig
- weiße Blüten mit vier Blütenblättern

Verwendung 🍽, ✚, 🐞

Kurzcharakteristik: Blüten, Blätter, Samen und Wurzeln der Knoblauchsrauke können roh gegessen werden. Die Samen eignen sich außerdem zum Würzen von Speisen. Sie lassen sich zudem gut aufbewahren.

Aufgrund von Senfölglykosiden entfaltet die Pflanze auch Heilwirkungen. Als Antiseptikum kann sie bei oberflächigen Wunden oder im Tee als schleimlösendes Mittel bei Erkältungen oder Grippeerkrankungen genutzt werden.

Inhaltsstoffe: u. a. ätherisches Öl, Knoblauchöl, Vitamin C, A, Mineralstoffe

Verwechslungsgefahr: –

Knoblauchsrauke gesamt, Stängel, Blüte, alte Blätter (im Uhrzeigersinn)

Königskerze, Großblütige *(Verbascum densiflorum)*

Man sieht die Königskerze schon oft von weitem, da sie, selbst wenn sie einzelstehend wächst, durch ihre Form, enorme Größe und gelben Blüten deutlich ins Auge fällt. Die Blätter sind mit filzigen Härchen überzogen.

Standorte: sonnige Standorte im Freiland, Straßen- und Wegränder, trockene Wiesen

Königskerze gesamt, Blätter, Blüten, Stängel (im Uhrzeigersinn)

Merkmale

- bis zu 250 cm hoch
- wechselförmig angeordnete Blätter
- filzig behaarte Blätter
- runder Stängel
- gelbe Blüten

Essbarkeit: Die Blüten und Wurzeln sind zum Verzehr geeignet.

Verwendung: , ,

Kurzcharakteristik: Die Blüten der Königskerze sind essbar und roh oder getrocknet im Tee verwendbar. Die Wurzel ist ein Energielieferant. Klettenblüten, im Tee getrunken, mildern Hustenreiz. Außerdem kann sie zum Feuerbohren, als Lampendocht, wenn man sie in Streifen schneidet, oder, wenn man den Pflanzenkopf in Harz taucht, als Fackel genutzt werden.

Inhaltsstoffe: u. a. Zucker, Schleimstoffe, Vitamine

Verwechslungsgefahr: Es besteht Verwechslungsgefahr mit der Schwarzen Königskerze *(Verbascum nigrum)*.

Lärche, Europäische *(Larix decidua)*

Die Lärche bietet im Frühjahr eine wunderschöne hellgrüne Silhouette, im Herbst changieren die Farben von Gelb-Gold nach Rostbraun. Sie gehört zu den Bäumen, die ihre Nadeln im Herbst verlieren, was eine Identifikation in der kalten Jahreszeit vereinfacht. Die Lärche kann unter guten Bedingungen mehrere hundert Jahre alt werden.

Standorte: alpine Standorte, Steilhänge, saure Nadelwälder

Merkmale

- bis zu 50 m hoch
- wächst pyramidenförmig
- unregelmäßige, schuppige graubraune Borke
- keine Nadeln im Winter

Essbarkeit: Die Triebspitzen im Frühjahr und die Zapfen sind zum Verzehr geeignet.

Verwendung: 🍽, ⚒, ✚

Kurzcharakteristik: Die jungen Triebspitzen und Zapfen können im Frühjahr roh gegessen werden. Das Holz ist witterungsbeständig und kann zum Bau von langlebigen Konstrukten verwertet werden. Die Lärche eignet sich überdies zum Feuerbohren und zur Kienspangewinnung.

Lärche gesamt

Lärche: Borke, im Winter ohne Nadeln, Nadeln (im Uhrzeigersinn)

Das Harz der Lärche wirkt antiseptisch und kann bei Erkältungen (mit heißem Wasser zum Inhalieren) unterstützend angewendet werden.

Inhaltsstoffe: u. a. ätherisches Öl, Bitterstoffe, Harz

Verwechslungsgefahr: –

Linde *(Tilia ssp.)*

Lindenbäume können deutlich über 600 Jahre alt werden. Das Holz ist ein sehr gutes Schnitzholz, da es weich und dicht ist und sich gut verarbeiten lässt. Vom Brennwert her gesehen ist Lindenholz eher im mittleren Bereich angesiedelt. Lindenkohle eignet sich im Übrigen auch zur Herstellung von Schießpulver.

Standorte: Schluchtwälder, Bergwälder, Eichen- und Hainbuchenwälder, Auwälder

Merkmale

- bis zu 30 m hoch
- unregelmäßig geformte, herzchenförmige Blätter, die sich zuspitzen
- kugelige Kapselfrucht

Essbarkeit: Knospen, junge Blätter und reife Samen sind zum Verzehr geeignet.

Verwendung: 🍽, 🛠, ✚

Kurzcharakteristik: Die jungen Blätter können zur Teezubereitung verwendet oder roh gegessen werden. Die Knospen sind eine bedeutende pflanzliche Eiweißquelle. Die Samen können

▶ *Linde gesamt, Blätter, Blüten, Stamm (im Uhrzeigersinn)*

auch roh verwertet werden. Lindenholz ist ein gutes Schnitzholz und damit für den Survivaler/Bushcrafter von hoher Bedeutung. Lindenbast kann zum Flechten von Matten, Bekleidung usw. genutzt werden. Lindenblüten und die Rinde des Baums enthalten medizinische Wirkstoffe, die bei grippalen Infekten hilfreich sind.

Inhaltsstoffe: u. a. ätherisches Öl, Gerbstoffe, Schleimstoffe

Verwechslungsgefahr: –

Löwenzahn, Gewöhnlicher *(Taraxacum officinale)*

Im Schwarzwald heißt die Pflanze wegen ihrer harntreibenden Wirkung bezeichnenderweise „Bettseicher". Vom Löwenzahn können entgegen der landläufigen Meinung alle Pflanzenteile gegessen werden. Die Blätter schmecken bitter, enthalten aber Mineralstoffe und Vitamine. Auch der weiße Saft im Stängel ist nicht giftig! Die Wurzel des Löwenzahns speichert große Mengen Inulin, das eine gesunde Darmflora fördert.

Standorte: Brachflächen, Wiesen, Äcker

▶ *Löwenzahn: Blatt, Löwenzahn gesamt, Blüte (im Uhrzeigersinn)*

Merkmale

- bis zu 30 cm hoch
- alle Pflanzenteile enthalten weißen Milchsaft
- grob gezahnte Blätter, bis 50 cm lang
- runder Stängel
- gelbe Blüten

Essbarkeit: Alle Pflanzenteile sind zum Verzehr geeignet.

Verwendung: 🍽, ⚒, ✚

Kurzcharakteristik: Blüten, Blätter, Wurzel und Stängel des Löwenzahns können als Nahrungsquelle genutzt werden. Aus der gerösteten Wurzel lässt sich ein Ersatzkaffeepulver herstellen, wenn man diese zermahlt und auf einem Stein röstet. Die Schirmchen der Pflanze eignen sich als Anzündmaterial zum Entfachen eines Feuers. Löwenzahn verfügt über medizinisch relevante Eigenschaften (wirkt u. a. krampflösend), Löwenzahntee wirkt leicht abführend.

Inhaltsstoffe: u. a. Zucker, Kalium, Bitterstoffe, Vitamin C

Verwechslungsgefahr: Es besteht Verwechslungsgefahr mit anderen, für unsere Zwecke nicht nützlichen Löwenzahnarten wie Milchkraut oder Schaftlöwenzahn (*Leontodon* ssp.).

Mädesüß, Echtes *(Filipendula ulmaria)*

Mädesüß ist auch unter dem Namen Spierstaude bekannt. Aus der Pflanze wurde 1838 erstmalig Salicylsäure isoliert, die unter anderem als Entzündungshemmer und antiseptisches Mittel bekannt ist (wirkt z. B. gegen Kopf- oder Halsschmerzen). Ein Abkömmling der Salicylsäure ist die Acetylsalicylsäure (Aspirin); das wohl bekannteste Medikament der Welt. Acetylsalicylsäure wurde erstmals 1897 in Deutschland von Felix Hoffmann und einem Team von Wissenschaftlern als Pulver und in weiterer Folge als Tablette entwickelt.

Die Pflanze, die auch eine Zeigerpflanze für feuchte und nasse Böden ist, fällt vor allem dann ins Auge, wenn sie blüht. Die Blütezeit reicht in Deutschland von Juni bis Juli, in Mitteleuropa von Juni bis August. Die Blüten verströmen insbesondere in den Abendstunden einen intensiven honig- bis mandelartigen Geruch. Die Pflanze fällt vor allem dann auf, wenn sie blüht.

Standorte: auf feuchten Böden, entlang Wassergräben, an Bächen, Auwälder

Merkmale

- bis zu 180 cm hoch
- rötlicher Stängel
- gegenständige Blätter, am Ende ein dreilappiges Blatt
- beim Zerreiben der Blätter entweicht ein „medizinischer Geruch“, der an Medikamente erinnert
- Form der Blüten ähnelt von weitem gesehen Zuckerwatte

Essbarkeit: Die jungen, weichen Blätter und die Blüten sind zum Verzehr geeignet.

Verwendung: 🍽, ✚, ⓘ

► *Mädesüß gesamt, Stängel, Blätter, Blüte (im Uhrzeigersinn)*

Kurzcharakteristik: Die jungen Blätter und Blüten können gegessen werden. Auch Wurzeln und Samen lassen sich roh verzehren. Mädesüß kann zur Schmerzbekämpfung eingesetzt werden. Wegen ihrer starken medizinischen Wirkung sollte aber ein übermäßiger Verzehr der unbehandelten Pflanze unterbleiben.

Inhaltsstoffe: u. a. Salicylsäureverbindungen, ätherische Öle

Verwechslungsgefahr: –

Möhre, Wilde *(Daucus carota)*

Die Möhre hat einige charakteristische Eigenschaften, die eine Verwechslung mit anderen (giftigen) Doldenblütlern ausschließen. Sie ist eine äußerst würzige Pflanze und für Ernährungszwecke sehr geeignet. Die Wurzel gleicht optisch aber nur entfernt einer Möhre, vor allem fehlt ihr die orange Farbe. Sie schmeckt aber nach Möhre und weist wichtige Nährstoffe auf, die für das Überleben wichtig sind.

Möhre, zusammengezogene Blüte, Blatt

Standorte: trockene Wiesen

Merkmale

- bis zu 120 cm hoch
- behaarter, hohler Stängel
- Blüten ziehen sich nach einiger Zeit zusammen
- In der Mitte der Blüte befindet sich meistens ein schwarzer Punkt
- Wurzel riecht wie eine Möhre

Essbarkeit: Blätter, Blüten, Wurzel und Samen sind zum Verzehr geeignet.

Möhre gesamt, Blüte mit schwarzem Punkt

Verwendung: 🍽, ✚, 🐾

Kurzcharakteristik: Die Blätter, Samen und Wurzel der Wilden Möhre sind essbar. Die Früchte eignen sich getrocknet und zermahlen zum Würzen von Nahrung. Das in der Wilden Möhre enthaltene Pektin wirkt zum Beispiel gegen Durchfall. Hierzu kann die Möhre entweder roh oder gegart gegessen werden.

Inhaltsstoffe: u. a. ätherische Öle, Mineralstoffe, Vitamine

Verwechslungsgefahr: Wenn man auf die Merkmale achtet, keine; ansonsten besteht eine mögliche Verwechslungsgefahr mit anderen Doldenblütern.

Nachtkerze, Gemeine *(Oenothera biennis)*

Die Nachtkerze ist durch das Nachtkerzenöl bekannt, das reich an wichtigen ungesättigten Fettsäuren ist. Beim Öffnen der Blüte wird ein knisterndes Geräusch erzeugt, das man an warmen Tagen deutlich hören kann, wenn man sich neben der Pflanze befindet. Nachtkerzen blühen am Abend. Die Pflanze ist für den

Survivaler/Bushcrafter sehr interessant, da sie vielfältig einsetzbar ist.

Standorte: Bachufer, an Baustellen, Bahngeländen, trockene Standorte, Schutthalden

Merkmale

- bis zu 200 cm hoch
- vier leuchtend große Blütenblätter
- Pflanze blüht von unten nach oben
- Samenkapseln lang und rau

Nachtkerze gesamt, Nachtkerzenblatt, Nachtkerzenstängel, Nachtkerzenblüte (im Uhrzeigersinn)

Essbarkeit: Die gesamte Pflanze ist zum Verzehr geeignet.

Verwendung: 🍽, ⚒, ✚

Kurzcharakteristik: Blüten, Samenkapseln, Samen und Wurzeln können roh gegessen werden. Die abgestorbenen Samenkapseln sind im Winter ein gutes Zundermaterial; Blüten können zum Fetten der Haut genutzt werden. Für einen Tee nimmt man für eine Tasse ca. einen Teelöffel getrocknete Sprossen. Den Tee zehn Minuten ziehen lassen und dreimal täglich eine Tasse trinken. Der Tee entspannt und hilft bei Krämpfen.

Inhaltsstoffe: u. a. Schleimstoffe, Gerbstoffe, Zucker, fette Öle (vor allem in den Samen)

Verwechslungsgefahr: –

Nelkenwurz, Echte *(Geum urbanum)*

Die Wurzel der Nelkenwurz riecht und schmeckt deutlich nach Gewürznelke. Das liegt an dem in der Pflanze enthaltenen Nelkenöl, das medizinisch Verwendung findet. Nelkenöl wirkt vor allem betäubend, schmerzlindernd und desinfizierend. Es kann überdies eine ganze Reihe von Bakterien, Pilzen und Viren abtöten. In Zahnarztpraxen wird Nelkenöl zum Beispiel zur unterstützenden Linderung von Entzündungen verwendet. Bei der Pflanze besitzt jede Frucht einen Haken, mit dem sie sich verbreitet. Diese haken sich an Bekleidung oder Tierfellen ein und fallen dann irgendwo ab, wo die Pflanze dann neu austreibt.

Standorte: feuchte Wälder, schattige Waldwege, Gebüsche, Lichtungen

Merkmale

- bis zu 70 cm hoch
- Blüten haben fünf gelbe Blätter, darunter ein „Stern“ aus grünen Blättern
- auffällige Fruchtstände, ähnlich wie Kletten
- Pflanze ist leicht behaart

Essbarkeit: Blätter, Blüten und Wurzeln sind zum Verzehr geeignet.

Verwendung: 🍽, ✚, 🐾

Kurzcharakteristik: Junge Blätter sind (wenn auch bitter schmeckend) essbar, ebenso die Blüten. Bei der Essenszubereitung

▶ *Nelkenwurz gesamt, Blüte, Stängel mit Blätter, Fruchtstand (im Uhrzeigersinn)*

kann Nelkenwurz als Gewürznelkenersatz genutzt werden. Näheres zur medizinischen Wirkung bestimmter Pflanzenbestandteile siehe oben.

Inhaltsstoffe: u. a. Zucker, Gerbstoffe, ätherisches Öl (Eugenol)

Rainfarn *(Tanacetum vulgare)*

Rainfarn ist eine wintergrüne Pflanze, die einen intensiven Chrysanthemengeruch verströmt. Bei dieser Pflanze sind alle Bestandteile toxisch; daher sollte sie nur als „Funktionspflanze“

▶ *Rainfarnstängel, Rainfarn gesamt, Blüte, Blätter (im Uhrzeigersinn)*

Verwendung finden. Die Pflanze enthält in größeren Mengen das Nervengift Thujon, das Bestandteil ihrer ätherischen Öle ist. Thujon ist eine farblose Flüssigkeit, die einen mentholartigen Geruch aufweist und in hohen Dosierungen Erbrechen, Magen- und Darmkrämpfe, Harnverhaltung, in schweren Fällen Benommenheit, Nierenschäden und zentrale Störungen (bis hin zu Wahnvorstellungen) auslösen kann. Thujon ist in geringen Mengen auch im Absinth enthalten, der aufgrund schädigender Wirkungen, die aber wohl nicht dem Thujon zugeschrieben werden können, eine Zeitlang verboten war.

Nach Berührung der Pflanze unbedingt die Hände waschen!

Standorte: Dämme, Ufer, Stromtäler, an verlassenen Feuerstellen

Merkmale

- bis zu 130 cm hoch
- intensiv riechend (kampferartig)
- gefiederte Laubblätter
- gelbe Blütenköpfchen

Essbarkeit: Nein, giftig!

Verwendung: ⚒

Kurzcharakteristik: Rainfarn kann als eine Art Kompass genutzt werden, dreht er doch seine Blattränder an lichtexponierten Standorten in Nord-Süd-Richtung. Die Pflanze sollte wegen ihrer Giftigkeit ausschließlich zur Insektenvertreibung eingesetzt werden!

Inhaltsstoffe: u. a. ätherisches Öl, das bis 95 % des Nervengiftes Thujon enthalten und deshalb Lähmungserscheinungen wie epileptische Krämpfe, Halluzinationen, Atemversagen oder Leber- und Nierenschäden auslösen kann.

Verwechslungsgefahr: –

Rohrkolben, Breitblättriger *(Typha latifolia)*

Von der Indikatoreigenschaft für Wasser einmal abgesehen, ist der Rohrkolben auch im Winter eine nahrhafte Nahrungsquelle, da die Wurzeln sehr viel Stärke einlagern. Das macht den Rohrkolben zu einem wertvollen Energielieferanten. Rohrkolben sind unverwechselbar und auch unter dem Namen „Kanonenputzer" bekannt. Sie wachsen weit in die Höhe und sind noch auf größere Distanzen zu erkennen.

Standorte: Teiche, Tümpel, Seen, Röhrichtzonen von Auwäldern, langsam fließende Gewässer, Sümpfe

Merkmale

- bis zu 250 cm hoch
- dünne flache Blätter mit Parallelnerven
- brauner Blütenkolben, der im Winter zerzaust ist

Essbarkeit: Die Wurzeln und Kolben sind zum Verzehr geeignet.

▸ *Rohrkolben gesamt, Blütenkolben fest und zerzaust (im Uhrzeigersinn)*

Verwendung: 🍽, ⚒, ⓘ

Kurzcharakteristik: Kolben sowie die Wurzel des Rohrkolbens sind essbar. Rohrkolbenstroh kann zum Decken von Hüttendächern verwertet werden. Der Kolben eignet sich als Anzündmaterial, die Fruchtwolle zum Ausstopfen von Textilien. Die Pflanze ist ein Indikator für Oberflächenwasser.

Inhaltsstoffe: Kolben: proteinreiche Pollen, Wurzel: Stärke

Verwechslungsgefahr: In jungem Stadium besteht Verwechslungsgefahr mit der giftigen Schwertlilie *(Iris pseudacorus)*.

Sanddorn *(Hippophae rhamnoides)*

Sanddornsträucher werden nur etwa 30–40 Jahre alt. Die Pflanze wurzelt sehr tief, weswegen sie in Norddeutschland zur Dünen-

▶ *Sanddorn, Stamm, Früchte, Blätter (im Uhrzeigersinn)*

festigung gepflanzt wird. Die langen Sprossdornen sind charakteristisch für die Pflanze. Anscheinend beinhalten die Früchte als eine der wenigen in der Natur das wertvolle Vitamin B_{12}, das u. a. für die Produktion von roten Blutkörperchen sowie die Funktion von Nervenzellen von Bedeutung ist.

Standorte: Kiesböden, Fluss- und Bachufer, Küstendünen, Hecken

Merkmale

- bis zu 300 cm hoch
- lange holzige Dornen
- längliche Blätter, die auf der Unterseite filzig wirken
- leuchtend-orangefarbene Früchte

Essbarkeit: Die gesamte Pflanze ist zum Verzehr geeignet.

Verwendung: 🍽, ⚒, ✚

Kurzcharakteristik: Die Früchte des Sanddorns können roh verzehrt werden. Der Sanddorn wurde bereits im Mittelalter als Heilpflanze zum Stillen von Blutungen eingesetzt. Heute dient der Sanddorn hauptsächlich als Mittel gegen Vitaminmangel, da seine Beeren als wahre „Vitaminbomben" gelten.

Inhaltsstoffe: Früchte enthalten u. a. Vitamin C, Mineralstoffe

Verwechslungsgefahr: –

Schachtelhalm, Ackerschachtelhalm *(Equisetum arvense)*

Der Schachtelhalm zählt zu den ältesten Pflanzen der Erde. Schon vor Millionen von Jahren bevölkerte er die Erde zusammen mit Farnen und Moosen, bildete ganze Wälder und wurde so groß, wie es heute Bäume werden. In manchen Naturkundemuseen sind versteinerte Stiele des Schachtelhalmes zu sehen, die so dick sind wie heute eine Fichte mit 40 Lebensjahren. Früher war diese Pflanze auch als „Zinnkraut" bekannt, da man mit dieser Pflanze wegen der großen Mengen eingelagerter Kieselsäure Zinnbecher reinigen kann.

Standorte: Böschungen, feuchte Wiesenränder, Gräben

Merkmale

- bis zu 50 cm hoch
- hohler, aufrechter Stängel, gerippter Querschnitt
- das erste Glied eines Seitentriebes ist immer länger als die Blattscheiden
- gleicht von der Form her einem Weihnachtsbaum

Essbarkeit: Alle Pflanzenteile sind zum Verzehr geeignet.

Verwendung: 🍽, ⚒, ✚

	Ackerschachtelhalm	Sumpfschachtelhalm (giftig für Weidevieh)
Form	Weihnachtsbaumform, ohne Sporenähre	Mit Sporenähre an der Spitze, fast immer gleich lange Blatttriebe
Blätter	erstes Glied der Seitentriebe länger als Blattscheiden	erstes Glied der Seitentriebe kürzer als Blattscheiden
Stängel	großes rundes Loch in der Mitte, umgeben von symmetrisch angeordneten kleinen Löchern	großes, ungleichmäßiges Loch, das von Löchern, die in zwei Reihen kreisförmig angeordnet sind, umringt wird
Standort	siehe oben	Sümpfe, Nasswiesen

▶ *Tabelle 6: Übersicht der Erkennungsmerkmale des Schachtelhalms zur Verminderung von Verwechslungen*

▶ *Schachtelhalm gesamt (oben), Sporenähre (links)*

Kurzcharakteristik: Junge Stängel und Blätter sind essbar. Die Wurzelknollen kann man ebenfalls als Nahrungsquelle nutzen. Die Pflanze eignet sich auch zur Herstellung von Tees. Mit dem Stängel lassen sich manche Klingen geringfügig nachschleifen.

▸ *Schachtelhalm: Stängel Querschnitt, Stängel, Querschnitt durch den Sumpf- (r.) und Ackerschachtelhalm (lks.)*

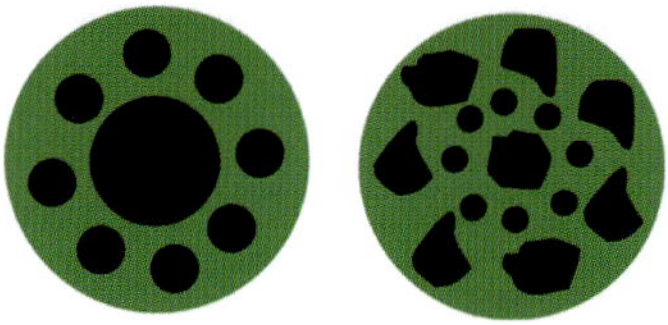

Seit dem Altertum ist der Ackerschachtelhalm als Heilpflanze aufgrund seines hohen Anteils an Kieselsäure bekannt. Heute wird Ackerschachtelhalm bei rheumatischen Beschwerden und Gicht sowie als Blasen- und Blutreinigungstee verwendet.

Inhaltsstoffe: u. a. Kieselsäure, Kalium

Verwechslungsgefahr: Es besteht Verwechslungsgefahr mit dem scheinbar giftigen Sumpfschachtelhalm *(Eqiusetum palustre)*.

Schilfrohr (*Phragmites australis*)

Diese Süßgrasart und Sumpfpflanze – häufig auch als Schilf oder Gemeines Schilf bezeichnet – ist in vielen Teilen der Welt verbreitet. Die Pflanze bildet oft natürliche Monokulturen, in denen keine andere Pflanze mehr wachsen kann. Schilfrohr verträgt Überschwemmungen und reinigt das Wasser, weshalb es auch bei privaten biologischen Kleinkläranlagen Verwendung findet. Die jungen Spitzen schmecken nach Salatgurke.

Standorte: stehende und langsam fließende Gewässer, nasse und zeitweise überschwemmte Standorte

Merkmale

- bis zu 4 m hoch
- blaugrüne, bis 40 cm lange Blätter
- hohler Stängel
- tritt in der Regel in großer Zahl auf

Schilf gesamt, hohler Stängel, Schilfblätter, Schilfblüten im Winter (im Uhrzeigersinn)

Essbarkeit: Die Rhizome und Knollen können gekocht oder zu Mehl gemahlen werden; sie haben Stärke und Energie eingelagert, sind also nahrhaft. Besser schmecken allerdings die ganz frischen Sprossen, die Bambussprossen gleichen.

Verwendung: 🍽, ⚒, ⓘ

Kurzcharakteristik: Junge Spitzen können aus dem Halm gezogen und roh verzehrt werden. Die Wurzeln sind ganzjährig essbar. Abgestorbene Schilfblüten eignen sich als leicht entzündbares Material, Schilfrohrstängel können zum Fertigen von Matten oder auch als Material zum Bau eines Zauns genutzt werden. Schilf ist ein Indikator für Oberflächenwasser.

Inhaltsstoffe: im Wurzelwerk Stärke
Verwechslungsgefahr: –

Schlehdorn *(Prunus spinosa)*

Der Schlehdorn bildet ein undurchdringbares Gestrüpp, da er äußerst dicht wächst und mit seinen wehrhaften Dornen blockiert. Schlehdornfrüchte finden in Likören und Marmeladen Verwendung. Schlehdornholz zeichnet sich durch eine große Härte aus. Mancherorts ist die Pflanze auch unter dem Namen „Schwarzdorn" bekannt. Schlehdornfrüchte werden zu Marmeladen, Wein und Schnaps verarbeitet.

Standorte: Felshänge, Waldränder, Hecken

Schlehdorn gesamt, Blüte, Zweige mit Dornen, Stamm (im Uhrzeigersinn)

Merkmale

- bis zu 5 m hoch
- lange spitze Dornen
- stark verästelt
- kugelige blauschwarze Früchte

Essbarkeit: Die jungen Blätter und die Früchte sind zum Verzehr geeignet.

Verwendung: 🍽, ✚

Kurzcharakteristik: Die zarten jungen Blätter sowie die Blüten sind essbar. Die etwas glänzenden Früchte kann man roh essen. Der Schlehdorn wirkt abführend, adstringierend, entzündungshemmend, harntreibend, krampflösend und schleimlösend. Aus Schlehdorn kann man einen Blütentee zur Entschlackung oder aus den Blättern einen Blasentee zubereiten.

Inhaltsstoffe: u. a. Blüten: Flavonoide; Früchte: Gerbstoffe, Zucker, Vitamin C

Verwechslungsgefahr: Es besteht Verwechslungsgefahr mit dem ungiftigen Weißdorn *(Crataegus laevigata)* (► S. 117).

Schwarzerle *(Alnus glutinosa)*

Die Schwarzerle ist in ganz Europa verbreitet. Charakteristisch für diese Bäume ist das sich durch Oxidation rötlich färbende Holz, wenn es frisch geschnitten ist. Erlenholz ist äußerst wasserbeständig, was auch den Standort des Baumes an Gewässern, feuchten Gebieten und zeitweise überschwemmten Stellen erklärt. Der Baum wird jedoch im Vergleich zu anderen Bäumen selten über 110 Jahre alt. Die Blätter aller Erlen färben sich im Gegensatz zu anderen Baumarten im Herbst fast nie.

Standorte: Uferränder von Flüssen, Seen und Bächen, Moore, sumpfige Untergründe

Merkmale

- bis zu 30 m hoch
- rötlich färbendes Holz nach dem Schnitt
- Blätter verfärben sich im Herbst nicht
- typische verholzte Erlenfrüchte

Essbarkeit: –

Verwendung: ⚒, ✚

▸ *Schwarzerlenblätter, Erle gesamt, Fruchtstände, Stamm*

Kurzcharakteristik: Die Erle bietet keinerlei essbare Komponenten. Jedoch eignet sich das Holz wegen der guten Wasserbeständigkeit für sämtliche Bauten am und im Wasser. Einige Bestandteile der Erle werden auch als Heilmittel verwendet. Die Rinde der Schwarzerle wird für Tees und Lösungen eingesetzt. Die Wirkstoffe sind Gerbstoffe, die bis zu 20 % in der getrockneten Rinde enthalten sind, sowie Flavonoide.

Inhaltsstoffe: u. a. Gerbstoffe und Flavonoide

Verwechslungsgefahr: –

Schwarzpappel *(Populus nigra)*

Die Pappel ist bekannt durch die von ihr produzierte „Pappelwolle". Die Schwarzpappel ist bei uns leider sehr selten geworden, viel häufiger sind bei uns Hybriden oder die Kanada-Pappel. Sie fühlt sich an wasserversorgten Standorten wohl und verträgt sogar gelegentliche Überschwemmungen sehr gut. An den großen deutschen Flüssen wie Rhein, Mosel usw. trifft man

Schwarzpappel gesamt, Blatt junge Pappel, Pappel im Winter, Stamm (im Uhrzeigersinn)

die Pappeln daher sehr häufig am Ufer an. Die Äste der Pappel brechen gern bei etwas stärkerem Wind, sodass der Survivaler/Bushcrafter im Umfeld von Pappeln oft trockenes Bruchholz für Feuerzwecke findet.

Standorte: Sand oder Kiesböden, Auwälder

Merkmale

- bis zu 30 m hoch
- junge Blätter der Pflanze glänzen, als ob sie eine Lackschicht hätten
- tiefrissige, sehr dicke Borke

Essbarkeit: Die jungen Blätter sind zum Verzehr geeignet.

Verwendung: 🍽, ⚒, ✚, ⓘ

Kurzcharakteristik: Zarte junge Blätter der Pappel sind essbar. Das Holz eignet sich gut zum Feuerbohren. Die Wolle der Pappel kann als Füllstoff für Textilien zur Wärmeisolierung genutzt werden. Die Pappelknospen können als Tee getrunken werden und rheumatische Beschwerden, Fieber und andere Entzündungen lindern. Die Pappel ist überdies ein Wasserindikator.

Inhaltsstoffe: Salicin, Gerbstoffe, Flavonoide, ätherisches Öl

Verwechslungsgefahr: –

Silberweide *(Salix alba)*

Die Silberweide zählt aus Sicht eines Survivalers/Bushcrafters sicherlich zu den interessantesten Bäumen in hiesigen Breiten, da sie für verschiedenste Zwecke eingesetzt werden kann. Der Baum liebt feuchte Böden – folglich trifft man ihn an solchen Standorten recht häufig an. Die Silberweide hat ein rasches Wachstum; ihr Holz wird zu den Weichhölzern gezählt und eignet sich unter anderem hervorragend zum Flechten von Korbwaren.

Standorte: Auwälder und Ufer von Bächen, Seen, Flüssen

Merkmale

- bis zu 35 m hoch
- Blätter lang und auf der Unterseite silbrig
- stark biegsame gelb- bis rotbraune Zweige
- an Gewässern oft zum Wasser hin hängend

Essbarkeit: Die Blätter sind zum Verzehr geeignet.

Verwendung: 🍽, ⚒, ✚, ⓘ

Im Uhrzeigersinn: Weidensamen, junger Weidentrieb, Weidenstamm, Blätter oben und unten, Weide gesamt

Kurzcharakteristik: Aus den Knospen treibende Blätter im Frühjahr sind in Maßen essbar. Junge Weidentriebe eignen sich zur Herstellung von Körbchen, Fischreusen, Zäunen, Hütten usw. Die Weide wirkt wegen der Inhaltsstoffe stark medizinisch und kann zur Schmerzbekämpfung eingesetzt werden. Die Silberweide ist überdies ein Wasserindikator.

Inhaltsstoffe: u. a. Salicin, Gerbstoffe

Verwechslungsgefahr: –

Spitzwegerich *(Plantago lanceolata)*

Der Spitzwegerich hat den Vorteil, dass er auch von Laien sicher identifiziert werden kann. Medizinisch, aber auch nahrungsmitteltechnisch ist diese Pflanze vielseitig verwendbar und wurde schon von unseren Vorfahren intensiv genutzt. Er ist in seiner Standortwahl anspruchslos und kommt weltweit vor. Breitwegerich und Mittlerer Wegerich sind gleich in Wirkung und Verwendungsmöglichkeiten. Die Blätter der Pflanzen schmecken champignon-nussartig, teilweise etwas bitter.

Standorte: Wiesen, Rasen, Wege, Äcker

Merkmale

- bis zu 50 cm hoch
- Blätter sind ohne Stiel und zum Boden hin verjüngend
- Blätter länglich, fünf bis sieben Rippen

Spitzwegerich gesamt, Blatt, Blüte (im Uhrzeigersinn)

Essbarkeit: Alle Pflanzenteile sind zum Verzehr geeignet.

Verwendung: 🍽, ✚

Kurzcharakteristik: Blätter aller Wegericharten sowie Blütenstände und Samen sind essbar. Auch Wurzeln und Blüten kann man verwenden. Der Wegerich hat, wie etliche andere Heilpflanzen, ein breites Spektrum von Heilwirkungen. Seine Haupteinsatzgebiete sind Atemwege, Haut und Verdauung.

Inhaltsstoffe: u. a. Glykoside (Aucubin), Kalium, Öle, Schleimstoffe, Vitamin C

Verwechslungsgefahr: –

Teufelskralle, Ährige *(Phyteuma spicatum)*

Die Teufelskralle hat ihren Namen von den krallenartig gebogenen Einzelblüten. Auch wenn der Name abschreckend klingt, ist die Pflanze für Nahrungszwecke als absolut hochwertig anzusehen. Sie hat im Übrigen nichts mit der Afrikanischen Teufelskralle *(Harpagophytum procumbens)* zu tun, deren Pflanzenteile

▶ *Teufelskralle gesamt (lks.); Blätter und Stängel (r.)*

▶ *Blütenstände der Jungen (lks.) und Schwarzen Teufelskralle*

zur Linderung von rheumatischen und Gelenkschmerzen genutzt werden! Die Teufelskralle kommt auch hybrid als Schwarze Teufelskralle vor, die häufiger in Gebirgsregionen zu finden ist. Die Teufelskralle bildet nicht selten riesige fleischige Wurzeln, die einen hohen Sättigungswert haben.

Standorte: krautreiche Mischwälder, Bergwiesen

Merkmale

- bis zu 70 cm hoch
- Blätterbasis ist herzchenförmig
- Blätter häufig dunkel fleckig
- typische „Krallenähren"

Essbarkeit: Alle Pflanzenteile sind zum Verzehr geeignet.

Verwendung:

Kurzcharakteristik: Bei der Teufelskralle sind alle Pflanzenteile als Rohnahrung geeignet. Die pfeffrig schmeckende Wurzel kann frisch und kleingeschnitten zum Würzen von Nahrungsmitteln genutzt werden.

Inhaltsstoffe: u. a. Eiweiß, Mineralstoffe

Verwechslungsgefahr: –

Waldengelwurz *(Angelica sylvestris)*

Eine in fast ganz Europa vorkommende Pflanze ist die Waldengelwurz. Sie beinhaltet fast die gleichen Wirkstoffe wie ihre bekannte Schwester, die „Arzneiengelwurz". Diese ist als alte Heilpflanze geschätzt und auch noch heute häufig verwendet. Die Engelwurze verströmen aus fast allen Pflanzenteilen einen

▶ *Engelwurz: Gesamtpflanze, wachsend (lks.), Blätter*

aromatischen Geruch. Die Pflanzenteile schmecken sehr würzig, der Geschmack variiert von süßlich bis scharf und bitter.

Standorte

- Wegränder, feuchte und sumpfige Wiesen und häufig an Ufern

Merkmale

- bis zu 150 cm hoch
- hohler, bereifter Stängel, bei dem die Bereifung mit den Fingern weggewischt werden kann
- Doldenblütler
- Blätter im gesamten dreiecksförmig
- aromatischer Geruch

Essbarkeit: Die gesamte Pflanze ist zum Verzehr geeignet, ein übermäßiger Verzehr sollte jedoch vermieden werden.

Verwendung: 🍽, ⚒, ✚

Kurzcharakteristik: Engelwurz kann als ganze Pflanze gegessen werden, vorwiegend werden aber die jungen Wurzeln, Blätter, Blüten und Samen verzehrt. Der Engelwurzstängel kann als

Blasrohr oder als Strohhalm genutzt werden, das Innenmark der abgestorbenen Pflanze bietet im Winter ein sehr gutes Anzündmaterial. Die ätherischen Öle in der Pflanze entfalten auch eine medizinische Heilwirkung, die sich vor allem bei Magen-Darm-Problemen zeigt.

Inhaltsstoffe: ätherische Öle, Bitterstoffe, Gerbstoffe

Verwechslungsgefahr: Die Engelwurz kann mit dem hochgiftigen Schierling verwechselt werden.

▸ *Blütendolden der Waldengelwurz*

Walderdbeere *(Fragaria vesca)*

Die Walderdbeere ist eine Pflanze, die im Winter nicht abstirbt. Sie gehört botanisch gesehen zu den Rosengewächsen und bietet in der Vegetationsperiode bei Reife gut schmeckende Früchte als Energielieferanten.

Standorte: Waldwegränder, Waldränder, Lichtungen im Wald

Merkmale

- bis zu 30 cm hoch
- Blüten mit 5 weißen Außenblättern um ein gelbes Zentrum

Walderdbeere, Blätter, Blüten, Stängel, Scheinerdbeere (im Uhrzeigersinn)

- Milchsaft in manchen Pflanzenteilen
- lange, schmale Blätter
- Blütenstände färben oft ab

Essbarkeit: –

Verwendung: ,

Kurzcharakteristik: Die Blätter der Walderdbeere können wie auch die Blüten roh gegessen werden. Aus den Blättern kann Tee hergestellt werden. Die Früchte der Erdbeere sind ein wertvoller Energiespender. Wegen ihres hohen Gerbstoffgehaltes sind die Erdbeerblätter ein Heilmittel gegen Durchfall.

Inhaltsstoffe: u. a. Gerbstoffe, ätherisches Öl. Früchte: Vitamin C, Zucker, Mineralstoffe

Verwechslungsgefahr: Die Pflanze kann mit der fast identisch aussehenden, verwilderten Indischen Scheinerdbeere verwechselt werden. Die Früchte sehen den Früchten der Walderdbeere zum Verwechseln ähnlich, sind jedoch rund und mit kleinen abstehenden Spitzchen versehen. Die Früchte indes sind ungefährlich und schmecken fad.

Waldsauerklee *(Oxalis acetosella)*

Den Waldsauerklee findet man ganzjährig als Grünpflanze vorwiegend in Nadelwäldern. Das Gewächs kann als eine der wenigen niedrigwachsenden Pflanzen auch in dunklen Wäldern wachsen. Er tritt in großer Zahl auf; man findet sogar ganze Kolonien unter geschlossener Schneedecke. Bei Dunkelheit und kühleren Temperaturen klappen die Blätter der Pflanze in eine

▶ *Waldsauerklee findet sich vor allem in Nadelwäldern.*

Art „Schlafstellung" nach unten. Die Pflanze schmeckt zitronenartig sauer und enthält Vitamin C.

Standorte: Nadel- und Mischwälder

Merkmale

- bis zu 12 cm hoch
- drei herzchenförmige Blätter an einem Stiel
- weiße Blüte
- zusammenklappende Blätter je nach Witterung und Lichtverhältnissen

Essbarkeit: Die gesamte Pflanze ist zum Verzehr geeignet.

Verwendung: 

Kurzcharakteristik: Alle Pflanzenteile des Waldsauerklees können roh verzehrt werden.

▸ *Waldsauerklee: Blätter (lks.) und Blüten*

Inhaltsstoffe: u. a. Oxalsäure, Vitamin C

Verwechslungsgefahr: Mit dem aufrechten Sauerklee *(Oxalis stricta)*, der in Wirkung und Nutzen jedoch gleich ist.

Walnuss, Echte *(Juglans regia)*

Seit der Steinzeit nutzt der Mensch die nahrhaften Walnüsse. Der Walnussbaum treibt als einer der letzten Bäume seine Blätter im Mai aus. Er ist kälteempfindlich und wächst bei uns daher nur in milden Lagen mit möglichst viel Sonneneinstrahlung.

Standorte: sonnige Waldränder, milde Lagen, Hang- und Auwälder

Merkmale

- bis zu 30 m hoch
- tiefrissige, schwarzfarbene Borke
- Blätter riechen aromatisch beim Verreiben

Essbarkeit: Die Nüsse sind zum Verzehr geeignet.

Verwendung: 🍽, ⚒, ✚

Kurzcharakteristik: Die Nüsse des Walnussbaumes sind wegen der enthaltenen Fette, Vitamine und Mineralstoffe eine äußerst wertvolle Nahrungsquelle. Der Saft hält Insekten fern. Die Walnuss wirkt unter anderem adstringierend, anregend, antiseptisch, blutstillend, entzündungshemmend, harntreibend und schmerzstillend.

Walnussbaum gesamt, Blatt, unreife Frucht, Stamm (im Uhrzeigersinn)

Inhaltsstoffe: Blätter und Fruchtschalen enthalten Vitamin C, Gerbstoffe, Juglon; die Früchte reichlich Fett, Eiweiß, Mineralstoffe und Kohlehydrate.

Verwechslungsgefahr: –

Wasserdost, Gewöhnlicher *(Eupatorium cannabinum)*

Wegen der Ähnlichkeit der Blätter mit den Blättern der Hanfpflanze wird der Wasserdost auch oft als „Wasserhanf" bezeichnet. Die Pflanze ist in ganz Europa beheimatet.

Standorte: Uferränder, Bachränder, Waldränder, feuchte Böden

Wasserdost gesamt, Stängel, Blätter, Samen (im Uhrzeigersinn)

Merkmale

- bis zu 180 cm hoch
- hanfpflanzenähnliche Blätter
- teilweise rot überlaufender Stängel
- kommt in Kolonien vor

Essbarkeit: –

Verwendung: ⚒, ✚, ⓘ

Kurzcharakteristik: Wasserdost ist aufgrund der enthaltenen Inhaltsstoffe nicht genießbar. Jedoch eignen sich die schirmchenfliegenden Früchte als Anzündmaterial. Der Stängel kann zur Fertigung von Schnüren verwertet werden. Die Pflanze ist auch eine Zeigerpflanze für feuchte und nährstoffreiche Böden.

Alle Pflanzenteile des Wasserdosts können im Tee zur unterstützenden Heilung von Infektionen und Erkältungen eingesetzt werden.

Inhaltsstoffe: Gerbstoffe, ätherische Öle, Pyrrolizidinalkaloide

Verwechslungsgefahr: –

Weidenröschen, Schmalblättriges *(Epilobium angustifolium)*

Viele kennen diese Pflanze auch unter dem Namen „Feuerbrand", da sie eine typische Pionierpflanze bei diesen Vorkommen ist. Bei Brandrodungen sieht man das Weidenröschen als eine der ersten Pflanzen wachsen. Das Weidenröschen kommt meistens in Kolonien vor. Gegen Ende der Vegetationsperiode fällt schon von weitem die Wolle auf, die für Survival-Zwecke genutzt werden kann.

Standorte: Kahlschläge, Ufer, Böschungen, Waldlichtungen, Brandstellen

Merkmale

- bis zu 140 cm hoch
- purpur gefärbte Stängel
- Blätter länglich und schmal, nur kleinste Stiele
- Blütenstand ist im Verhältnis zur gesamten Pflanze mindestens 1/3 groß

▸ Weidenröschen

▸ *Weidenröschen Stängel mit Blättern, Blüte*

Essbarkeit: Alle Pflanzenteile sind zum Verzehr geeignet.

Verwendung: 🍽, ⚒, ✚

Kurzcharakteristik: Alle oberirdischen Pflanzenteile wie auch die Wurzeln des Weidenröschens können gegessen werden. Aus der Wurzel kann auch ein Kaffeeersatz hergestellt werden. Die Wolle der Weidenröschen kann als Anzünd- oder als Füllmaterial genutzt werden.

Als Tee wirkt das Weidenröschen unter anderem antibakteriell sowie entzündungshemmend und wirkt gegen Blasen- und Nierenkrankheiten.

Inhaltsstoffe: u. a. Flavonoide

Verwechslungsgefahr: –

Weißdorn, Zweigriffeliger *(Crataegus laevigata)*

Der Zweigriffelige Weißdorn kommt als Strauch oder als kleiner Baum vor. Die Pflanze ist dornig, das Holz ist schwer und hart. Die roten Früchte schmecken nicht saftig, sondern eher etwas

Weißdorn gesamt, Blatt, Früchte, Dornen, Blüte (im Uhrzeigersinn)

mehlig, dennoch aber süßlich im Geschmack. Die Menge der vielzähligen Früchte am Strauch bietet häufig eine brauchbare Nahrungsquelle.

Standorte: Waldränder, Hecken, Gebüsche

Merkmale

- bis zu 10 m hoch
- mit kräftigen Dornen besetzte Äste
- stark duftende, weiße Blüten
- dunkelrote Früchte mit Kern

Essbarkeit: Die Blüten und Früchte sind zum Verzehr geeignet.

Verwendung: 🍽, ⚒

Kurzcharakteristik: Junge Knospen, Blätter und Blüten sind essbar. Die Blätter können außerdem für Tee genutzt werden. Aus den gerösteten Samen kann ein Ersatzkaffee hergestellt werden.

Inhaltsstoffe: u. a. Flavonoide, ätherisches Öl, Früchte: Zucker

Verwechslungsgefahr: Es besteht Verwechslungsgefahr mit dem ungiftigen Schwarzdorn (Schlehe, ► Seite 100).

Wiesenbocksbart *(Tragopogon pratensis)*

Der Wiesenbocksbart ragt oft aus Wiesen heraus und fällt durch seine große gelbe Blüte deutlich auf. Wenn man die Blütenstände anfasst, färbt oft ein schwarzer Staub auf die Haut ab, der wie Bleistiftgraphit – bloß viel feiner – aussieht. Bocksbart hat eine tiefreichende Wurzelrübe.

► *Wiesenbocksbart, Blüte und Samenstand*

Standorte: Wegränder, fette Wiesen, Unkrautflure

Merkmale

- bis zu 70 cm hoch
- gelbe, sich um die Mittagszeit schließende Blüten
- Milchsaft in manchen Pflanzenteilen
- lange, schmale Blätter
- Blütenstände färben oft ab

Essbarkeit: Die gesamte Pflanze ist zum Verzehr geeignet.

Verwendung: 🍽, ⚒

Kurzcharakteristik: Blätter, Blüten und Knospen sind essbar. Das

▸ *Wiesenbocksbart gesamt, Stängel*

innere Mark des Stängels schmeckt süßlich. Die nahrhafte Wurzel kann man ebenso verzehren. Die großen Bocksbartschirmchen sind ein sehr geeignetes Anzündmaterial zum Entfachen eines Feuers.

Inhaltsstoffe: u. a. Inulin, andere Kohlehydrate, Schleimstoffe

Verwechslungsgefahr: –

Wiesen- oder Schlangenknöterich *(Polygonum bistorta)*

Die auch als Schlangenknöterich oder Schlangenwurz bekannte Pflanze war im Mittelalter aufgrund ihrer Wurzel ein geschätztes (aber wohl unwirksames) Heilmittel gegen Schlangenbisse. Hintergrund für diese Einschätzung war die im Mittelalter weit verbreitete Signaturenlehre*, ist doch die Wurzel des Schlangenknöterichs wie ein „S“ gebogen.

* Die Signaturenlehre, die bereits in der Antike bekannt war, ist die Lehre von den Zeichen in der Natur, die als Merkmale auf Ähnlichkeiten, Verwandtschaften und innere Zusammenhänge hinweisen. Die (dem menschlichen Gehirn ähnelnde) Form der Walnuss, um ein Beispiel zu nennen, prädestinierte diese für Behandlungen des Gehirns.

Schlangenknöterich gesamt, Blätter, Blüte, Stängel (im Uhrzeigersinn)

Standorte: feuchte Wiesen, vorzugsweise in Gebirgsgegenden, Auwälder, Bachläufe

Merkmale

- bis zu 80 cm hoch
- weißrosa Blüten, zylindrisch geformt
- Stängel ohne Abzweigung
- S-förmige Wurzel

Essbarkeit: Die gesamte Pflanze ist zum Verzehr geeignet.

Verwendung: 🍽, ✚

Kurzcharakteristik: Blüten, Blätter und Samen des Schlangen- oder Wiesenknöterichs sind essbar; ebenso die nahrhafte Wurzel. Die Pflanze kann außerdem medizinisch eingesetzt werden.

Der aus frischen Blättern gequetschte Saft reinigt alte Wunden. Tee, der aus den getrockneten Blättern bereitet wird, wirkt bei Magenentzündungen heilend. Der Tee kann auch als Gurgelwasser bei einer Halsentzündung genutzt werden.

Inhaltsstoffe: u. a. Eiweiß, Vitamin C, Zucker, Oxalsäure

Verwechslungsgefahr: –

Wiesenschaumkraut *(Cardamine pratensis)*

Das Wiesenschaumkraut ist eine äußerst aromatisch schmeckende Pflanze. Der Geschmack ist scharf-würzig. Sie kann ohne Aufbereitung roh verzehrt werden. An der Pflanze kann man nicht selten schaumartige Gebilde erkennen, in denen die Larven von Schaumzikaden leben.

Standorte: Feuchtwiesen, Auwälder

▸ *Wiesenschaumkraut gesamt, Blüte, Stängel (im Uhrzeigersinn)*

Wiesenschaumkraut, Blätter und heranreifende Schoten

Merkmale

- bis zu 80 cm hoch
- hellviolette bis weiße Blüte
- wechselständige, gefiederte Blätter
- runder, hohler Stängel

Essbarkeit: Die gesamte Pflanze ist zum Verzehr geeignet.

Verwendung: , ,

Kurzübersicht: Alle Pflanzenteile können gegessen werden. Die Samen des Wiesenschaumkrauts können als pfeffriges Gewürz genutzt werden. Aufgrund des hohen Gehalts an Vitamin C helfen Getränke mit Wiesenschaumkraut gegen allgemeine Schwächezustände. Eine zu häufige Anwendung kann allerdings den Magen und die Nieren reizen.

Inhaltsstoffe: u. a. Vitamin C, Bitterstoffe, Senfölglykoside

Verwechslungsgefahr: –

(Wald-)Ziest *(Stachys sylvatica)*

Der Waldziest gleicht stark einer Brennnessel, besitzt aber keine Brennhaare. Von oben auf die Pflanze geschaut, erkennt man deutlich die Blattanordnung – diese steht immer im 90°-Winkel in einer Etage Nord-Süd, in der nächsten Etage West-Ost, dann wieder Nord-Süd usw. Sie zeigen aber nicht die Himmelsrichtung an! Beim Zerreiben der Blätter scheinen diese nach Steinpilzen zu riechen. Nicht jeder mag diesen Geruch, der den einen oder anderen an chemische Substanzen erinnert.

Waldziest gesamt, Blätter, Blüten (im Uhrzeigersinn)

Standorte: feuchte Wälder, Waldränder

Merkmale

- bis zu 100 cm hoch
- Blattanordnung gegenständig, wie die Himmelsrichtungen
- violette Blüten
- ähneln der Brennnessel

Essbarkeit: Die gesamte Pflanze ist zum Verzehr geeignet.

Verwendung:

Kurzcharakteristik: Blätter und Blüten, Stängel, Samen sind essbar. Auch die Wurzelteile können gegessen werden.

Inhaltsstoffe: u. a. ätherische Öle, Gerbstoffe, Bitterstoffe

Verwechslungsgefahr: –

Walderdbeeren

Ernährung

Trotz einer relativ großen Anzahl an essbaren Pflanzen, die in Europa wachsen, sollte der Survivaler/Bushcrafter wissen, dass nicht jede Pflanze zwangsläufig über einen brauchbaren Nährwert verfügt. Der **Nährwert** steht in den meisten Situationen fast ausschließlich **an erster Stelle**, da es schlicht darum geht, „satt zu werden". Für die Personen, die auf pflanzliche Nahrung angewiesen sind, definiere ich den Begriff Nährwert für dieses Buch als eine **Mischung aus Sättigungsgrad** (also hungermindernd) und **notwendiger Versorgung mit wichtigen Makronährstoffen wie Fett, Eiweiß oder Kohlehydraten.** Pflanzen mit hohem Vitamingehalt sind zweitrangig in kurzen Überlebenssituationen, die etwa 1–3 Wochen andauern. Natürlich dürfte klar sein, dass im Winter die Zufuhr von lebenswichtigem Vitamin C eine Rolle spielt, um **Vitaminmangelkrankheiten** wie zum Beispiel Skorbut vorzubeugen und andere Prozesse im Körper aufrechtzuerhalten. Unser Fokus hier liegt aber auf den akuten Überlebenssituationen, bei denen im Vordergrund steht, ein Verhungern abzuwenden. Konkret meine ich damit, dass, wenn Sie in einer Notsituation oberirdische Pflanzenteile einer unbedeutenden Grünpflanze – die weder einen nennenswerten Nährwert noch einen anderen Nutzen hat – in größeren Mengen verzehren, damit der Magen gefüllt wird und ein gewisses Sättigungsgefühl einsetzt, nährwerttechnisch noch nichts gewonnen ist. Ihr Körper kann daraus nämlich keinen bis kaum einen Nutzen ziehen. Etliche Grünpflanzen enthalten eben kein Eiweiß oder Fett und daher sollte sich die Nahrungssuche so gestalten, dass man – vom Überlebensaspekt her gesehen – überwiegend auf **Wurzeln, Samen, Rhizome usw.** zurückgreift, da in den meisten Fällen die erforderlichen Nährstoffe dort gespeichert sind. Es gibt natürlich immer Ausnahmen wie zum Beispiel den Wiesenbärenklau, der bis zu 10 % Zucker in den oberirdischen Pflanzenteilen einlagern kann. Mit dieser Pflanze habe ich mich 2010 während eines Experiments mit dem österreichischen Privatsender ServusTV mit Energie versorgt, als ich 120 km am Stück in unter 24 Stunden ohne mitgeführte Nahrung und Getränke gelaufen bin und mich ausschließlich mit Energie und Wasser aus der Natur versorgt habe.*

Beim Sammeln von essbaren Pflanzen sollte darauf geachtet werden, dass **einseitige Ernährung** – also der Verzehr von immer nur einer oder wenigen anderen Pflanzen – **wenn möglich vermieden werden sollte**. Dass dies in einer Notsituation nicht immer möglich sein wird, liegt auf der Hand, da die Jahreszeit, die Vegetation oder die persönliche Situation als einschränkende Faktoren hier Grenzen setzen. **Einseitige Ernährung kann zu schweren gesundheitlichen Schäden führen**, da manche Inhaltsstoffe der Pflanzen in einer derartigen Situation toxisch wirken können. So ist mir zum Beispiel ein Fall bekannt, bei dem eine durchaus kräuterkundige Frau immer wieder Wasserlinsen in größerer Menge über einen längeren Zeitraum hinweg konsumiert hat und dadurch krank geworden ist. Die Ursache hierfür war – aufgrund des Standortes, an dem sich die Pflanze befand – eine überdurchschnittlich hohe Einlagerung von radioaktiven Metallen in der Pflanze. Das ist zweifelsohne ein Extrembeispiel, das aber hilfreich ist, um deutlich zu machen, dass bei einseitiger Ernährung gesundheitsschädliche Effekte nicht ausgeschlossen

---

* Vgl. im Netz z. B.: http://www.swp.de/geislingen/lokales/geislingen/Konarek-hats-geschafft-120-Kilometer;art5573,635853 [zuletzt eingesehen am 25. März 2016; mittlerweile nicht mehr im Netz]

werden können. Manche Pflanzeninhaltsstoffe zum Beispiel, dies hat man in Tierversuchen herausgefunden, können bei dauerhaftem Konsum krebserregend wirken.

Mit anderen Worten: In einer Survival-Situation ist es wie im „normalen" Leben: **Eine gesunde Ernährung sollte immer abwechslungsreich gestaltet sein.**

Ernährung im Winter

Im Winter hat der Mensch bei längeren Aufenthalten im Freien generell einen **erhöhten Kalorienbedarf**. Das liegt an der Kälte, verbraucht doch der Körper dann mehr Energie, um warm zu bleiben. Die Nahrungssuche im Winter gestaltet sich als äußerst anspruchsvoll, denn spätestens gegen Ende des Jahres stirbt in

▸ *Schnee und Frost können die Suche nach Nahrung deutlich erschweren und können sie sogar unmöglich machen.*

der kalten Jahreszeit ein Großteil der für uns nutzbaren Pflanzen ab. Das macht es viel schwerer, die Standorte essbarer Pflanzen zu finden, denn oberirdisch ist häufig nicht mehr zu erkennen, welche Pflanze wo stand. **Schnee oder Frost erschweren die Suche deutlich** und machen sie – je nach Intensität – sogar manchmal unmöglich. Stellen Sie sich einmal die Suche von Wurzeln bei einer Schneedecke mit einer Höhe von 50 cm vor! Spätestens in einer derartigen Situation wird klar, wo die Problematik liegt. Das Finden und das Freilegen essbarer Pflanzenteile werden in einer solchen Konstellation zur Tortur. Wenn es ganz „dumm läuft", ist zudem noch der Boden gefroren. Dann könnte das Sammelergebnis Richtung null tendieren und eine konkrete Notlage weiter verschärfen, wenn man auf die pflanzliche (Not-)Nahrung angewiesen ist und bereits seit Tagen/Wochen Hunger leidet; hier kommt dann auch ein Profi an seine Grenzen. Es ist – entgegen der Meinung einiger Berufskollegen – in einer solchen Situation so gut wie unmöglich, zu überleben, ist man nicht gerade ein Typ wie der „Revenant" („Rückkehrer") aus dem gleichnamigen filmischen Meisterwerk aus dem Jahre 2015, der schier aussichtslose Situationen überlebt.

Nicht umsonst haben unsere Vorfahren für die kalte Jahreszeit jedes Jahr in weiser Voraussicht **Vorräte eingelagert**, um die vielfach unbarmherzigen Winter zu überstehen.

Doch die Hoffnung stirbt bekanntlich zuletzt … Bei einigen Pflanzen haben Sie Glück, denn die Überreste der abgestorbenen Pflanze sind selbst im Schnee noch zu sehen und bleiben oft noch bis in die ersten Monate des Folgejahres erhalten. Typische Vertreter dafür sind zum Beispiel die Kletten, Goldruten oder Brennnesseln.

Im Winter ergibt es Sinn, sich gezielt auf die Suche nach **unterirdischen Pflanzenteilen** zu machen, also nach **Wurzeln und Rhizomen**. Vom Nährwert her gesehen liefern sie häufig ein Vielfaches der Menge an Nährstoffen, die in der oberirdischen Pflanze vorhanden sind. Natürlich können und sollen Sie auf die Wurzeln auch den Rest des Jahres zurückgreifen, denn schließlich sind sie ja nicht nur im Winter essbar. Auf Beispiele für essbare Wurzeln, Samen und Nüsse, die Sie im Winter finden können, gehe ich im Folgenden ein.

Samen der Wilden Möhre

Essbare Samen

In vielen Fällen erweisen sich etliche Pflanzensamen als sehr geschmacksintensiv und aufgrund der oft enthaltenen **Öle und Fette als Lieferant purer Energie.** Einige Pflanzen bieten sogar über den Winter hinweg eine Nahrungsquelle, da die Samen sich nicht vollständig von der Pflanze lösen und auch im Winter gewonnen werden können. Die Zahl der Pflanzen, die diese positive Eigenschaft haben, ist jedoch sehr begrenzt und deutlich überschaubar:

Bärlauch *(Allium ursinum)* (► S. 38)

Die Samen des Bärlauchs schmecken stark würzig und haben einen hohen Nährwert. Sie wirken aufgrund der Inhaltsstoffe auch antibakteriell. Auf einem Quadratmeter Bärlauch können bis zu 9000 Samen gesammelt werden*. Die Samen kann man auch im „normalen Leben" für die Herstellung eines leckeren Pestos nutzen.

---

* Vgl. Vegetation Mitteleuropas mit den Alpen. Heinz Ellenberg. 4. Auflage, Verlag Eugen Ulmer, Stuttgart 1986.

Bärlauchsamen

Samen der Wilden Möhre

Brennnesselsamen

Brennnessel, Große *(Urtica dioica)* (► S. 47)

Die Samen der weiblichen Brennnessel sind stark ölhaltig und werden im Zeitraum September bis Oktober im ausgereiften Zustand geerntet. Dafür muss die Pflanze kopfüber aufgehängt werden und nach dem Trocknen über einem hellen Textil ausgeschüttelt werden. Die Samen finden sich dann auf dem Textil wieder und können sofort genutzt werden.

Waldengelwurz (*Angelica sylvestris*) (► S. 108)

Die Samen der Waldengelwurz zeichnen sich durch einen leicht an Kräuterlikör erinnernden Geschmack aus. Man findet sie von August bis September. Auch diese Samen können direkt ohne Aufbereitung roh gegessen werden.

Flügelknöterich, Japanischer *(Fallopia japonica)* (► S. 57)

Der Japanische Flügelknöterich besitzt bei Reife Flügelsamen, die man auch im rohen Zustand essen kann.

Klette, Große *(Arctium lappa)* (► S. 76)

Klettensamen sind stark fetthaltig und liefern daher auch Energie. Diese werden einfach aus den runden, mit Widerhaken versehenen Fruchtständen herausgeschüttelt. Die Fruchtstände sind einzigartig in Form und Aussehen und können nicht verwechselt werden.

► *Klettensamen*

► *Knoblauchsraukensamen*

Knoblauchsrauke (*Alliaria petiolata*) (► S. 78)

In den Schoten der Knoblauchsrauke, die wie Antennen mehrfach an der Pflanze nach oben zeigen, finden sich 6–8 kleine, schwarzbraune, pfeffrig schmeckende Samen. Zum Ernten muss einfach nur die Schote aufgebrochen werden und die Samen können dann entnommen werden. Diese findet man sogar noch im Folgejahr, manchmal bis in den Sommer hinein. In älterer Literatur findet man Hinweise darauf, dass mit Knoblauchsraukensamen früher Salz und Pfeffer ersetzt wurden, weil diese Gewürze für Normalsterbliche lange Zeit häufig unerschwinglich waren.

Der Samen des Spitzwegerichs schmeckt überraschend aromatisch.

Möhre, Wilde *(Daucus carota)* (► S. 87)

Die mit kleinen (ungefährlichen) Stacheln besetzten Früchte enthalten die für uns wertvollen und aromatisch schmeckenden Samen. Diese können in den Monaten September bis Oktober geerntet werden.

Schlangenknöterich (*Polygonum bistorta)* (► S. 120)

Die Samen des Schlangen- oder Wiesenknötericha schmecken etwas nussig und können gut aufbewahrt werden. Ab dem Monat August kann man mit dem Sammeln beginnen und auch ohne Aufbereitung verzehren.

Spitzwegerich (*Plantago lanceolata*) (► S. 106)

Die klebrigen Samen der Wegerichgewächse werden von August bis Oktober geerntet. Sie schmecken etwas nussig und enthalten viel Öl, das auch ausgepresst werden kann.

Wiesenbärenklau *(Heracleum sphondylium)* (► S. 35)

Beim Verzehr der Samen des Wiesenbärenklaus kann es zu einem etwas stechend-würzigem Geschmacksempfinden kommen. An den Dolden befinden sich oft eine Vielzahl von Samen.

Wiesenbärenklausamen

Waldziestsamen

Wiesenschaumkraut *(Cardamine pratensis)* (► S. 122)

Die Schoten dieser Pflanze können roh und ganz verzehrt werden. Sie schmecken leicht kresseartig, teilweise auch etwas bitter. Auch die darin enthaltenen bräunlichen Samen können gegessen werden.

(Wald-)Ziest (*Stachys sylvatica*) (► S. 123)

Anscheinend sind kleine Mengen ätherischer Öle und Gerbstoffe in den Samen des Waldziests enthalten. Die kleinen dunklen Samen gleichen Mohnkrümeln und man muss schon reichlich Erntezeit investieren, damit man auf eine brauchbare Menge kommt.

Etliche Grünpflanzen enthalten kein Eiweiß oder Fett. Deshalb sollte man auf Wurzeln, Samen, Rhizome usw. zurückgreifen, da in den meisten Fällen die erforderlichen Nährstoffe dort gespeichert sind.

Junges Birkenblatt

Essbare Blätter von Bäumen / Sträuchern

Die Blätter einiger Baumarten sind tatsächlich essbar und schmecken überraschend gut. Je älter die Blätter allerdings werden, desto mehr verändert sich der Geschmack ins Negative, d. h., sie werden bitter. Sie sollten deshalb nach Möglichkeit nur junge Blätter, die im Frühjahr austreiben, verzehren.

Die im Folgenden genannten Blätter können immer roh gegessen werden.

Birkenblätter

Junge Birkenblätter sind eiweißreich und haben einen relativ neutralen Geschmack; getrocknet können sie auch zum Würzen eingesetzt werden.

Brombeerblätter

Können ganzjährig als Notnahrung verzehrt werden. Eine Besonderheit dabei ist, dass der Strauch seine Blätter in der kalten Jahreszeit nicht verliert und diese bis weit ins Folgejahr trägt.

▸ *Brombeerblatt im Winter*

▸ *Junges Buchenblatt*

▸ *Fichtentriebe*

Buchenblätter

Junge Blätter der (Rot-)Buche schmecken leicht säuerlich und angenehm mild. Die hellgrünen Blätter sind sehr weich und können roh verzehrt werden. Ende März bis April treibt der Baum seine Blätter aus.

Fichtentriebe

Die Nadeln der Fichte sind biologisch gesehen Blätter und eignen sich, wenn sie als junge Triebe zum Vorschein kommen, auch zum Verzehr. Die jungen Fichtentriebe im Frühjahr sind reich an Vitamin C und schmecken leicht säuerlich.

Junges Haselnussblatt

Lindenblatt

Weidenblatt

Haselnussblätter

Junge Haselnussblätter sind vom Geschmack her eher bitter/herb. Mit anderen Blättern vermischt, lassen sie sich besser genießen.

Lindenblätter

Junge, eiweißhaltige Lindenblätter sind im Hinblick auf ihren milden Geschmack unübertroffen. Im Zeitraum März–April lassen sie sich von der Linde ernten. Tee aus älteren Blättern, die vorher zu trocknen sind, enthält Flavonoide, Gerbstoffe und ätherische Öle und hilft bei Erkältungen oder Grippe.

Weidenblätter

Junge Weidenblätter können im Frühjahr gegessen werden. Zu beachten ist, dass dies wegen des enthaltenen Salicin nur in Maßen erfolgen darf! (Medizinische Wirkung ► Seite 105) Salicin entfaltet im menschlichen Körper die gleiche Wirkung wie Aspirin und ist damit ein natürlich vorkommendes Schmerzmittel.

► *Blätter und Fruchtstände der Linde*

Ausgraben einer Klettenwurzel mit Grabstock

Essbare Wurzeln

Die nachfolgend aufgeführten Wurzeln sind auch im Winter anhand noch intakter oder abgestorbener Pflanzenteile häufig noch einfach zu erkennen. Sie können mit einem **Grabstock** oder einem **stabilen Messer ausgegraben oder ausgestochen werden**. Nicht selten sind die Wurzeln verholzt; dann muss man entweder den weichen Wurzelkern freilegen und kleinhacken oder man kocht die Wurzeln aus und trinkt dann den Sud, in dem sich die Nährstoffe sammeln.

Bärenklauwurzel

Bärenklau (► S. 35)
(Heracleum sphondylium)

Die Wurzeln des Wiesenbärenklaus schmecken etwas scharf. Sie haben eine weiße Farbe und können sowohl roh als auch als Kochgemüse genutzt werden.

Beinwell *(Symphytum officinale)* (► S. 43)

Die Wurzeln des Beinwells sind außen oft pechschwarz und sehr schleimig. Sie lassen sich bis in den Winter hinein ernten und können roh oder gekocht genutzt werden. Nach einem Biss in eine rohe Beinwellwurzel begleitet einen der schleimige Geschmack im schlimmsten Fall noch bis zu einer Stunde lang.

► *Beinwellwurzel*

Brennnesseln *(Urtica dioica)* (► S. 47)

Häufig ist nicht bekannt, dass bei der Brennnessel nicht nur die oberirdischen Teile genutzt werden können, sondern auch die nahrhaften Wurzeln. Sie werden in den Monaten geerntet, in denen ein „r“ vorkommt, also September–April. Die Wurzeln enthalten Mineralstoffe.

► *Wurzel einer Brennessel (lks.), abgestorbene Brennnessel*

Engelwurz (*Angelica* ssp.) (► S. 108)

Die Geschmacksvariationen, die man wahrnimmt, wenn man in die Wurzel einer Engelwurz beißt, reicht von süß-lakritzähnlich bis hin zu bitter und scharf. Die Wurzeln können von September bis ins Frühjahr verwertet werden. Aufgrund der Inhaltsstoffe sollten keine größeren Mengen der Wurzeln gegessen werden!

► *Engelwurzwurzel* ► *Gierschwurzel*

Sindimgarten, Wikimedia commons

Giersch *(Aegopodium podagraria)* (► S. 59)

Der Giersch hat lange Wurzeln und Ausläufer. Da die Pflanze meistens in Kolonien auftritt und sich stark verbreitet, kann die Ernte auf einem Gierschfeld umfangreich ausfallen.

Goldrute *(Solidago canadensis)* (► S. 60)

Die Wurzeln dieser Pflanzen können ganzjährig gesammelt werden. Weiche Wurzelteile können roh verzehrt werden oder man kocht oder röstet sie. Verholzte Wurzelteile hackt man klein und kocht sie. Die Wurzel enthält Inulin und einige Bitterstoffe.

Hopfen, Wilder *(Humulus lupulus)* (► S. 69)

Hopfenwurzeln können im jungen Zustand auch als Kochgemüse verwertet werden.

▶ Wurzel des Huflattichs

▶ Zerfressener Huflattich im Winter

Huflattich *(Tussilago farfara)* (► S. 71)

Bis in das Frühjahr hinein können Huflattichwurzeln aus der Erde ausgegraben und gegessen werden. Huflattichblätter bleiben häufig über den Winter hinweg stehen, weswegen die Pflanze gut identifiziert werden kann.

Klette *(Arctium lappa)* (► S. 76)

Die mitunter größten Wurzeln essbarer Pflanzen finden sich bei den Kletten. Die Wurzelfarbe ist purpurn; die Wurzeln können ganzjährig geerntet werden. Innere Wurzelteile kann man rösten oder kochen. Gelegentlich findet man im Herbst und im Winter Wurzeln, die noch nicht verholzt sind. Diese können dann auch roh gegessen werden.

Flügelknöterich, Japanischer *(Fallopia japonica)* (► S. 57)

Die oft großen, sich unter der Erde meterweit verteilenden Wurzeln bilden eine gute Nahrungsgrundlage. Der Japanische Flügelknöterich wurzelt nicht so tief, weswegen man bereits nach geringem Grabaufwand auf Wurzelteile stoßen kann.

Klettenwurzel

- Klette im Winter (oben)
- Japanischer Flügelknöterich, Wurzel (links)
- Knöterich, abgestorbene Blätter (unten)

Königskerze *(Verbascum densiflorum)* (► S. 79)

Königskerzenwurzeln lagern reichlich Zucker ein und liefern deshalb dem Survivaler/Bushcrafter wichtige Energieschübe; bei einer entsprechenden Größe stellt sich auch ein entsprechendes

- *Königskerzenwurzel (oben links)*
- *Löwenzahnwurzelstücke (oben rechts)*
- *Löwenzahnwurzelstücke im Feuer (rechts)*

Sättigungsgefühl ein. Der Geschmack der Königskerzenwurzel erinnert an Kohlrabi.

Löwenzahn *(Taraxacum officinale)* (► S. 84)

Die Wurzeln sind relativ einfach auszugraben und müssen von Erdresten befreit werden. Am einfachsten geht das mit Wasser (sofern das zur Verfügung steht), da so auch die letzten Reste vom Boden abgewaschen werden. Dann wird die Wurzel in kleine Stücke geschnitten. Auf einem flachen oder ausgehöhlten Stein röstet man diese dann an einem Feuer. Je nach Größe können diese dann mit heißem Wasser aufgegossen werden. Wer es präziser mag, mahlt die gerösteten Wurzelstücke mit einem weiteren flachen Stein zu Pulver.

Die Löwenzahnwurzeln können ganzjährig gegessen werden. Am besten schmecken sie im Zeitraum September–März. Sie enhalten Inulin und Kalium.

Möhre, Wilde *(Daucus carota)* (► S. 87)

Gräbt man die Wurzeln der Wilden Möhre aus und riecht daran, wird man an den Duft der Gartenmöhre erinnert. Die äußeren Schichten der Wurzel werden mit einem Messer oder einem scharfkantigen Stein abgeschält und verwendet. Roh oder gekocht können sie dann genossen werden. Auch diese Wurzel enthält Zucker und Inulin.

► *Nachtkerze im Winter, Wurzel (unten)*

► *Wilde Möhre: Wurzel (oben), Pflanze im Winter*

Nachtkerze, Gemeine *(Oenothera biennis)* (► S. 88)

Die Pfahlwurzeln der Nachtkerze sind teilweise holzig, enthalten Inulin und Zucker. Sie sind roh essbar, die holzigen Wurzeln können weichgekocht werden. Beim Garen verfärben sich die Wurzeln rötlich.

Die Nachtkerze wurzelt teilweise sehr tief; sie ist aufgrund ihrer Größe äußerst nahrhaft.

Rohrkolben *(Typha latifolia)* (► S. 93)

Gegenüber anderen Pflanzen liegen die weichen, genießbaren Rhizome der Rohrkolben unter dem Wasser. Wenn man sie mit etwas Kraftaufwand aus dem Gewässerboden zieht, verbreiten sie einen Fäulnisgeruch, der aber durch Abwaschen (samt der anhaftenden Reste des oft modrigen Gewässerbodens) entfernt werden kann. Dann sind die Rhizome genießbar. Es ist empfehlenswert, wenn man die Wurzeln vor dem Genuss kurz erhitzt, damit mögliche Krankheitserreger, die sich im Wasser befinden können, sicher abgetötet werden. Die Rhizome enthalten Stärke und Fett und schmecken in den meisten Fällen sehr angenehm.

► *Rohrkolben im Winter (links), Wurzel (oben)*

(Acker-)Schachtelhalm *(Equisetum arvense)* (► S. 96)

Die kleinen Wurzelknollen des Ackerschachtelhalmes können bis in den Winter hinein geerntet werden. Man kann sie roh verzehren.

► *Schilf Winter (oben)*
► *Wurzeln Schachtelhalm (r.)*

Schilfrohr *(Phragmites australis)* (► S. 98)

Bei Schilfrohr ist der Survivaler/Bushcrafter in der glücklichen Lage, auf ein großes Nahrungsareal gestoßen zu sein, denn Schilfrohr wächst in großen Kolonien. Die Wurzel kann mit etwas Kraft- und Zeitaufwand ausgegraben und dann roh gegessen werden. Falls die Pflanze im Wasser steht, sollte die Wurzel

► *Teufelskralle (oben), abgestorbene Wurzel (oben rechts)*

► *Wegerichwurzel*

gründlich gereinigt oder sicherheitshalber noch kurz erhitzt werden, um krankmachende Mikroorganismen, die durch das Wasser an die Wurzel gelangen, sicher abzutöten.

Teufelskralle, Ährige *(Phyteuma spicatum)* (► S. 107)

Die Wurzeln der Teufelskralle ähneln etwas einer Möhre, jedoch in Miniaturform. Die helle Wurzel schmeckt sehr würzig und bleibt auch über den Winter hinweg weich. Nicht selten findet man riesige Wurzelstücke, die sehr sättigend sind.

Wegeriche *(Plantago ssp.)* (► S. 106)

Die Wurzeln aller Wegerichgewächse sind essbar; sie sind feinästig und sollten gründlich mit Wasser abgewaschen werden, um Erdreste aus dem Boden zu entfernen.

Weidenröschen, Schmalblättriges *(Epilobium angustifolium)* (► S. 116)

Die jungen süß-scharfschmeckenden Wurzelsprossen können im Frühjahr gegessen werden. Getrocknet kann man sie auch zu Mehl verarbeiten. Wegen des Massenaufkommens an den Standorten, an denen das Schmalblättrige Weidenröschen wächst, besteht die realistische Perspektive, dass sich ein entsprechendes Sättigungsgefühl einstellt.

► *Abgestorbenes Weidenröschen (oben); Wurzel (ganz oben)*

Wiesenbocksbart *(Tragopogon pratensis)* (► S. 119)

Weiche Wurzelteile des Bockbartes können auch roh oder gekocht verzehrt werden. Die energiespendende Wurzel enthält große Mengen Inulin.

Wiesenknöterich *(Polygonum bistorta)* (► S. 120)

Die Wurzeln vom Wiesenknöterich weisen eine Besonderheit in der Form auf, denn sie sind wie ein „S“ geformt. Sie schmeckt sehr aromatisch und beinhaltet viel Stärke. Ist der Standort der

▶ *Wurzel eines Knöterich-gewächses*

▶ *Ziestwurzel*

Pflanze bekannt, kann man die Wurzel auch im Spätjahr bis in den Winter hinein ernten und verwenden.

(Wald-)Ziestwurzeln *(Stachys sylvatica)* (▶ S. 123)

Die Wurzelknollen des Waldziests können roh gegessen oder für eine Suppe genutzt werden.

Kiefernadeln mit Samenzapfen

Samen von Nadelbäumen

Fast alle Samen, die im Nadelwald in den Zapfen der weiblichen Bäume vorhanden sind*, können Sie essen. Wenn Sie Zapfen dieser Bäume finden, können Sie die darin enthaltenen Samen roh verzehren. Die Samen sind vom Nährwert her gesehen wichtig, da sie Öle enthalten. Das bedeutet, dass man **pure Energie** zu sich nimmt. Dazu müssen aber immer erst die (manchmal harten) Deckschuppen geöffnet werden, um an die Samen zu kommen. Am besten weichen Sie dazu den Zapfen eine halbe Stunde in Wasser ein und trocknen ihn dann in der Nähe eines Feuers. Die Hitze bewirkt, dass sich die Schuppen öffnen und Sie die Samen dann auf einer harten Unterlage (z. B. auf einem flachen Stein oder Holzstück) ausschlagen können. Manchmal müssen Sie dabei etwas nachhelfen, um an alle Samen zu gelangen.

* Die weiblichen Blüten verwandeln sich in braune Fichtenzapfen.

Fichtensamen *(Picea abies)* (► S. 55)

Diese Bäume sind sehr häufig im deutschsprachigen Raum anzutreffen und bieten aufgrund der hohen Anzahl von Zapfen eine reiche Nahrungsquelle. Bei der Fichte hängen die Zapfen, die im Herbst reif sind, nach unten. Hinter den Zapfenschuppen sitzen immer jeweils zwei kleine geflügelte Samen. Der Flügel wird zum Verzehr vom Samenkern getrennt. Fichtensamen enthalten viel Öl. Im Winter finden sich auf dem Boden häufig von Tieren angefressene Zapfen, wobei die an der Spitze zerhackten Zapfen vom Specht stammen und alle bis zur Spitze abgefressenen Zapfen ein Indikator dafür sind, dass Eichhörnchen diese Nahrungsquelle genutzt haben. Vom Anfraß der Zapfen kann man nämlich Rückschlüsse auf das Tier ziehen: Wenn nur die Spitze des Zapfens angeknabbert ist, was man deutlich sieht, handelt es sich um einen Specht, ist der Zapfen bis fast zum Anfang unten abgefressen, war hier ein Eichhörnchen aktiv.

► *Fichtensamen*

Kiefernsamen *(Pinus sylvestris)* (► S. 75)

Im Zeitraum August–September können die Kerne der Kiefer gewonnen werden. Sie sind bedeutend kleiner als zum Beispiel die im Handel erhältlichen Pinienkerne der Mittelmeerkiefer.

Bucheckernnuss in der Schale

Essbare Nüsse

Nüsse sollten, wann immer man sie vorfindet, verwertet werden. Nüsse zeichnen sich durch eine äußerst hohe Nährstoffdichte aus und liefern pure Energie. Zudem schmecken Nüsse in der Regel gut und führen zu einem **langanhaltenden Sättigungsgefühl**. Deshalb gibt es auch reichlich Nahrungskonkurrenten aus dem Tierreich. Findet man reife Nussvorkommen, sollten diese deshalb zügig gesammelt werden, bevor sich Mäuse, Eichelhäher oder Eichhörnchen bedienen.

Bucheckern

Die dreikantigen Nüsse befinden sich in einer grünen stacheligen Schale, die, wenn sie reif wird, sich braun färbt und holzig wird. Ab September klappen die Becher auf und jeweils zwei der Nüsse fallen auf den Boden. Die Nüsse sollten nur in geringen Mengen wegen des in der Nuss enthaltenen, schwach giftigen Trimethylamins roh verzehrt werden. Erhitzt wird dieser Inhaltsstoff zerstört. Die ersten Vergiftungserscheinungen treten bei sensiblen Personen offenbar ab ca. 50 Bucheckern ein. Die Erntezeit ist Ende September bis November.

Eicheln

Eicheln färben sich während der Reife von Grün über Gelb nach Braun. Wegen des hohen Gerbstoffgehaltes sollte man sie, wie auf S. 54 bereits erwähnt, wässern. Eicheln, die man bis ins Frühjahr lagert, kann man roh essen, da sich die Gerbstoffe auflösen; ihr Geschmack ist süßlich.

▶ *Von einer Maus geraubte Eichel*

Wenn Sie die Eicheln schälen, was zugegebenermaßen eine zähe Angelegenheit ist, und das Innere im Wasser weichen lassen, werden Sie feststellen, dass sich das Wasser schon bald braun färbt. Dieser Vorgang sollte ein paar Mal hintereinander wiederholt werden, damit die Bitterstoffe vollständig ausgewaschen werden können. Die Eichelstücke können dann geröstet (für Kaffee ▶ S. 188/9) oder verzehrt werden.

Haselnüsse

▶ *Haselnüsse*

Diese nahrhaften Nüsse sind je nach Region zwischen September und Oktober sammelreif. Die Schalenfarbe der Nuss sollte, wie auch das Innere, braun sein. Man sammelt nur die Nüsse vom Boden auf, am Strauch befindliche Nüsse lässt man aus. Durch leichtes Rütteln an den Ästen des Strauches kann man weitere reife Nüsse herabfallen lassen. Idealerweise trocknet man die Nüsse noch ein paar Tage. Wenn man diese dann schüttelt, hört man das Klackern des Inneren an der Schale.

Walnüsse

Die Walnüsse zählen zu den gesündesten Nüssen, die bei uns vorkommen; sie fallen reif mit der Fruchtschale auf den Boden und die harte holzige Schale kann dann mit einem Stein oder einem Messerknauf geknackt werden. Die Nüsse können Ende September bis Ende Oktober geerntet und roh verzehrt werden.

Walnuss mit Schale

Nüsse enthalten viele Fette, die als wichtige Energielieferanten dienen.

Insekten legen ihre Larven oft in Nüssen ab, welche die Nüsse dann von innen auffressen.

Brombeerfrucht

Essbare Beeren & Früchte

Die essbaren Früchte und Beeren der Gewächse draußen in der Natur bilden eine schmackhafte und vor allem nährstoffreiche Nahrungsquelle für Kohlehydrate und Vitamine.

Brombeeren

… zählen aus botanischer Sicht wie zum Beispiel auch die Himbeeren zu den Sammelsteinfrüchten. Sie können von August bis Oktober geerntet werden. Brombeeren enthalten Vitamin A und Vitamin C und schmecken süß-säuerlich.

Hagebutten

Die Früchte der Hundsrose sind sehr reich an Vitamin C. Es genügen bereits wenige Fruchtschalen, um den täglichen Vitamin-C-Bedarf eines Erwachsenen gemäß den Angaben der Deutschen Gesellschaft für Ernährung (DGE) zu decken. Dieser liegt bei Männern bei ca. 110 mg und bei Frauen bei ca. 95 mg. Je später die Hagebutten abgepflückt werden, desto süßer sind sie. Selbst Frost kann ihnen nichts anhaben; sie behalten weiterhin

- *Hagebutten (oben links)*
- *Holunderbeeren (oben rechts)*
- *Sanddornfrüchte (rechts)*

ihre geschmackliche Konsistenz und ihre Inhaltsstoffe. Vor dem Rohverzehr sollten die Nüsschen in der Frucht entfernt werden; diese müssen vorher geröstet werden. Man kann sie meistens ab September ernten.

Holunderbeeren

Die Beeren des Holunderstrauchs sollten nur in Kleinmengen roh verzehrt werden, da in den Samen der reifen Beeren der Wirkstoff Sambunigrin vorhanden ist. Dieser kann ab einer bestimmten Dosis Erbrechen und Schwindel, aber auch mittelschwere Vergiftungserscheinungen auslösen. Durch Erhitzen wird Sambunigrin komplett zersetzt und verliert seine toxische Wirkung.

Sanddornfrüchte

Die Früchte der Pflanze sind bekannt für ihren sauren Geschmack. Sie enthalten wie die Hagebuttenfrüchte sehr hohe Mengen an Vitamin C. Sanddorn enthält im Übrigen auch Vitamin B_{12} (in geringen Mengen), das sonst fast ausschließlich in tierischer Nahrung vorkommt. Sanddornfrüchte können in den Monaten September bis Oktober gesammelt werden. Dabei muss man beim Pflücken beachten, dass man sie wegen der sehr weichen Beschaffenheit nicht zerquetscht. Die Früchte lassen sich bei Frost besser ernten, denn dann können sie ganz einfach mit angewinkelten Fingern wie ein Kamm aus dem Strauch gezogen werden.

Schlehdornfrüchte

… sollte man erst nach dem ersten Frost ernten. Sicher sind diese auch vorher roh genießbar, jedoch ziehen sich einem durch die enthaltenen Gerbstoffe alle Gesichtsmuskeln zusammen.

▶ *Schlehdornfrucht*

Der Frost bewirkt, dass sich der Gerbstoffgehalt verringert und die Früchte weniger bitter schmecken. Ein leicht pelziger Geschmack nach dem Genuss bleibt jedoch fast immer zurück. Die Kerne sollten ausgespuckt werden, da diese Stoffe beinhalten, die zu Vergiftungserscheinungen führen können.

Walderdbeeren

Die für die meisten Menschen wohlschmeckenden Früchte liefern bei Verzehr Vitamine, Mineralstoffe und Zucker. Oft lassen sich größere Mengen an Standorten, an denen die Pflanze wächst, sammeln. Die Früchte der Walderdbeere haben ein intensiveres Aroma als das der Erdbeeren, die es im Handel zu kaufen gibt. Sie sind jedoch deutlich kleiner.

Walderdbeere

Weißdornfrüchte

Die mehlig, aber süß-sauer schmeckenden Früchte des Weißdorns kann man roh essen. Sie können getrocknet, aber auch in Tees genutzt werden.

Zerkleinerte Früchte werden in kaltem Wasser für ca. acht Stunden angesetzt und danach kurz aufgekocht.

Weißdornfrüchte

Wilder Oregano (Dost)

Wilde Gewürzpflanzen

Einige Pflanzen enthalten mehr oder weniger intensive Geruchs- oder Geschmacksstoffe in den Pflanzenteilen (Blättern, Wurzeln, Samen oder Blüten), die meist auf ätherische Öle zurückzuführen sind. Manche Pflanze beinhaltet die „Gewürzwirkung" auch in mehreren Pflanzenteilen in unterschiedlicher Konzentration. Bei der Zubereitung von Speisen oder Getränken dienen Pflanzenteile dieser Gewürzpflanzen dazu, fade schmeckende **Nahrung oder Wasser schmackhafter zu machen.** Wenn Sie sich in einer Notsituation über einen längeren Zeitraum einseitig ernähren müssen, werden Sie für Abwechslung dankbar sein. Daher sollten Sie einige der wilden Gewürzpflanzen kennen, um den Geschmack variieren oder unerwünschte Aromen überdecken zu können. Gewürzpflanzen können außerdem konservierende oder medizinische Wirkungen aufweisen.

Im Einzelnen sind hier folgende Pflanzen(teile) gemeint:

- Bärlauch
- Beifuß
- Engelwurzwurzeln
- Knoblauchsrauke
- Mädesüß

- Nelkenwurzwurzeln
- Waldsauerklee
- Wiesenschaumkraut
- Wilder Oregano (Dost)
- Wurzeln der Ährigen Teufelskralle

Schilfrohr

Schilf wächst vor allem in Sumpf- und Feuchtgebieten, an Flüssen und Seen. Essbar sind die Wachstumszonen an der Basis der obersten Blätter, im Winter und Sommer die Samen und die bräunlich-bleichen Wurzelverbindungen (Rhizome), die zwischen den einzelnen Halmen wachsen. Auf den beiden Bildern wird gezeigt, wie man den jungen Schilfhalm herauszieht. Das erste Drittel mit der hellen Farbe ist essbar und schmeckt nach Salatgurke.

Herausziehen von Schilfrohr

Giftpflanzen

Da Sie als Survivaler/Bushcrafter draußen mit den verschiedensten Pflanzen hantieren und arbeiten, ist es von großer Bedeutung, dass Sie auch über Giftpflanzen Bescheid wissen. Wie ich im Kapitel „Spezialfall Giftpflanzen“ (► S. 21–26) schon beschrieben habe, können manche Gifte bereits durch Hautkontakt übertragen werden; einige Giftpflanzen können sich bei Verzehr fatal auf Ihre Gesundheit oder gar Ihr Leben auswirken. In diesem Kapitel finden Sie einige ausgewählte Giftpflanzen.

Aronstab, Gefleckter *(Arum maculatum)*

Der Aronstab treibt schon sehr früh im Jahr aus der Erde. Er treibt teilweise zusammen mit dem Bärlauch Ende Januar in den warmen Regionen Mitteleuropas aus, weswegen eine Verwechslung nicht ausgeschlossen werden kann. Im Hinblick auf dessen Giftigkeit widersprechen sich die Quellen. Fakt ist aber, dass es sich bei der Pflanze um ein stark giftiges Exemplar handelt, von dem man die Finger lassen sollte.

Standorte: Laubwälder, Hecken

▸ *Aronstab gesamt, Stängel, Blätter Blütenstand (r. unten)*

Merkmale:

- bis zu 40 cm hoch
- pfeilförmige Blätter
- Fruchtstand mit erst grünen, dann roten Beeren
- auffälliger Blütenstand

Inhaltsstoffe: Aroin

Eibe, Europäische *(Taxus baccata)*

Eiben, die sehr alt werden können, sind die einzigen giftigen Nadelbäume in unseren Wäldern. Sie bilden Samen mit rot gefärbten, fleischigen Samenmänteln, die überraschenderweise essbar und ungiftig sind. Der Samen darin sowie alle anderen Teile der Pflanze sind hingegen stark giftig!

Eibe gesamt, Samenhülle, Stamm, Nadeln (im Uhrzeigersinn)

Standorte: Laubmischwälder, Gebirge, Zierpflanze in Gärten (oft als Hecke)

Merkmale:

- bis zu 18 m hoch
- Schuppenborke, oft grau-rotbraun
- weiche, biegsame Nadeln, die bei einmaligem Knicken in der Mitte sofort zerbrechen
- rote fleischige Samenhüllen

Inhaltsstoffe: Taxin

▶ *Eisenhut: Blüte, Gesamtpflanze*

Eisenhut, Blauer *(Aconitum napellus)*

Der Blaue Eisenhut zählt mit dem Wolfseisenhut (*Aconitum lycoctonum*) zu den giftigsten Pflanzen Europas. Alle Teile der Pflanze sind durch das Alkaloid Aconitin sehr giftig. Die höchste Giftkonzentration besteht anscheinend in der Wurzelknolle. Die Pflanze steht in Deutschland im Übrigen unter Naturschutz!

Standorte: feuchte Wiesen, Auwälder, Bachufer

Merkmale:

- bis zu 200 cm hoch
- helmartige, blauviolettfarbige Blüten
- aufrechter Stängel
- dunkelgrüne Blätter

Inhaltsstoffe: Aconitin

▸ *Eisenhut: Blatt und Stängel*

Herbstzeitlose *(Colchicum autumnale)*

Die Besonderheit bei der Herbstzeitlose besteht darin, dass die Pflanze im Frühjahr wächst, aber erst im Herbst ihre Blütezeit hat. Die Blätter der Pflanze sind bis dahin vollständig verschwunden. Die Herbstzeitlose wird immer wieder mit Bärlauch

▸ *Herbstzeitlose gesamt, Blütenstand, Stängel, Blätter (im Uhrzeigersinn)*

verwechselt, was wegen des stark unterschiedlichen Aussehens schwer nachvollziehbar ist. Das Gift der Pflanze wirkt zeitlich versetzt erst nach ein paar Stunden im Körper. Die Pflanze ist stark giftig!

Standorte: feuchte Wälder, Wiesen, Böschungen

Merkmale:

- bis zu 30 cm hoch
- Samenkapsel in der Mitte der Pflanze
- zartrosa bis violette Blüten
- teilweise in großer Anzahl vorkommend

Inhaltsstoffe: Cholchicin

Maiglöckchen *(Convallaria majalis)*

Wegen zeitweise gleicher Standortwahl und verschärfend wegen des fast gleichen Aussehens kann das stark giftige Maiglöcken mit dem essbaren Bärlauch verwechselt werden. Sind jedoch ein paar Erkennungsmerkmale bekannt, kann eine Verwechslung nahezu ausgeschlossen werden.

Maiglöckchen, Gesamtpflanze

Maiglöckchen: rötliches Stängelblatt, Fruchtstand, Blüte, Blatt (im Uhrzeigersinn)

Standorte: Laubmisch-, Buchen- und Eichenwälder
Merkmale:

- bis zu 30 cm hoch
- jeweils ein Stängel mit zwei Blättern
- Blätter glänzen auf der Oberseite
- violettes Deckblatt am Stängelanfang

Inhaltsstoffe: Convallatoxin und andere

Schierling, Gefleckter *(Conium maculatum)*

Der Schierling zählt zu den stark giftigen Pflanzen. Mit dem Gift des Schierlings, der ihm in einen Becher gereicht wurde, soll der griechische Philosoph Sokrates vergiftet worden sein. Einige essbare Pflanzen aus der Familie der Doldenblütler können mit dieser Pflanze verwechselt werden, daher ist besondere Vorsicht beim Sammeln geboten!

Standorte: Straßenränder, Burgruinen, Flussauen, Ruderalstellen

Merkmale:

- bis zu 200 cm hoch
- teilweise intensiver, unangenehmer Geruch
- aufrechter Stängel, rund und hohl und rot gefleckt
- weiße Doldenblüten

Inhaltsstoffe: Coniin

Schierling: Blüte, Gesamtpflanze, Stängel (im Uhrzeigersinn)

Geflecht aus Naturmaterialien

Hilfsmittel/Werkzeuge aus Pflanzen

Aus Naturmaterialien hergestellte Hilfsmittel oder Werkzeuge erleichtern die Arbeit ungemein; wenn man einmal etwas tiefer in die Materie eingedrungen ist, stellt man fest, dass die Anfertigung des einen oder anderen Werkzeugs sogar viel Spaß machen kann. Stolz hält man dann (manchmal braucht man mehrere Anläufe) sein selbst hergestelltes Produkt in Händen, was ein sehr erhebendes Gefühl ist.

Schnurherstellung

Etliche Arbeiten im Freien erfordern die Verwendung von Schnüren: ob zum Bau einer Unterkunft, zum notdürftigen Flicken von Textilien oder zur Herstellung von Werkzeugen – oft kommt man um deren Gebrauch nicht herum. Die Fasern mancher Pflanzen sind strapazierfähig und können somit zur Herstellung von Behelfsseilen genutzt werden. **Mit Blick auf die Reißfestigkeit können sie noch wesentlich verstärkt werden, wenn man sie miteinander verdrillt bzw. verdreht.**

Je nach Anwendungszweck werden entweder grobe oder feine Fasern benötigt. Die groben Fasern haben den Vorteil der hohen Belastbarkeit, sind aber nicht so flexibel wie feine Fasern. Gerade beim Bau von Zäunen, Unterkünften oder Dreibeinen sind grobe Fasern besser geeignet, da bedeutend weniger Zeit für die Gewinnung der Rohstoffe benötigt wird und der Arbeitsaufwand insgesamt geringer ist.

Schnur aus Brennnessel

Pflanzen mit feinen Fasern

Bei der Suche nach geeigneten Fasern für feine Schnüre empfehle ich, insbesondere nach Brennnessel, Wasserdost oder Klette Ausschau zu halten. Die Fasern dieser Pflanzen, die häufig in der Natur vorkommen, lassen sich sehr gut verarbeiten. Die beschriebenen Arbeitsschritte sind bei den Pflanzen bis auf die Brennnessel immer gleich, hier müssen vorher noch die Brennhaare zerstört werden. Dazu wird die Pflanze entweder mit heißem Wasser übergossen oder mit mehrmaligem Durch-die-Finger-Ziehen von unten nach oben handhabbar gemacht. Wer Angst vor den Brennhaaren oder eine empfindliche Haut

Fasergewinnung aus Wasserdost

hat, der behilft sich mit einem Stück Textil oder einem Mooslappen zwischen Haut und Brennnessel.

Für feine Schnüre eignen sich folgende Pflanzen:

- Brennnessel
- Hopfen
- Klette
- Wasserdost
- Weidenröschen (Fasern aus den äußeren Schichten des Stängels)

Rinden zur Seilherstellung

An Gewässern wachsende Bäume können teilweise zur Fertigung von Seilen hergenommen werden. Gerade die Wassertriebe, die man an umgestürzten oder abgebrochenen Baumteilen findet, in denen aber noch Leben vorhanden ist, sind hier sehr gut geeignet; Gleiches gilt für die jungen Triebe der Silberweide. Man entfernt die Borke vollständig vom Holz und reißt diese dann vorsichtig in kleine Fäden.

Wurzelseile

Für grobe „Seile" können zum Beispiel die feinen 1–5 mm dicken Fichtenwurzelenden verwertet werden. Diese werden einfach vorsichtig ausgegraben, ohne sie zu beschädigen; sie können dann für entsprechende Anwendungen genutzt werden. Am einfachsten sind diese an Hängen oder Waldwegrändern zu finden, wo die Fichte wächst. Die Fichtenwurzeln sind jedoch nicht so flexibel. Man kann auch Teile von dickeren Fichtenwurzeln schälen und spalten; das Ausgangsprodukt ist

Aus den Enden der Fichtenwurzel gefertigtes Seil

dann geeignetes Flechtwerk. Wenn man sich bei der Suche Mühe gibt, kann man sogar die Fichtenwurzelenden zum Bohren eines Feuers einsetzen, verwendet man diese als Bogensehne.

Halme

Manche Gräser wie zum Beispiel die Binse sind von der Halmbeschaffenheit her auch für gröbere Schnüre geeignet, die aber keineswegs so belastbar wie mit Faserpflanzen hergestellte Schnüre sind. Entweder verdrillt man dazu die Stängel oder flechtet sie.

Besenherstellung

Einfache Besen lassen sich mit biegsamen Zweigen fertigen. Die Herstellung ist denkbar einfach: Es werden lediglich ein paar Zweige vom Strauch/Baum abgeschnitten und gebündelt an das Ende eines langen, geraden Stücks Holz gebunden (zum Beispiel Hasel). Am besten die Zweige so bündeln, dass die dicken Enden beieinander sind – fertig ist der Besen. Hierfür eignet sich das Geäst folgender Pflanzen:

- Ginster
- Birkenreisig

Besen aus Ginster

Klebstoffherstellung

Klebstoffe finden in der Herstellung von Werkzeugen Verwendung; gerade beim Schäften von Waffen und Werkzeugen zeigen sie ihre Stärke. Sie lassen sich außerdem zum Abdichten von Gefäßen verwenden.

Birkenpech

Die Herstellung von Birkenpech benötigt zweifelsohne viel Zeit, Fachkenntnis und Erfahrung und manchmal auch etwas Glück. Die Voraussetzung für das Gelingen besteht darin, eine Grundlage für eine Verwendung zu schaffen. Die Birkenrinde wird deswegen unter Luftabschluss erhitzt. Am besten baut man zur Gewinnung eine Feuerstelle auf einem glatten Stein, der etwa die Größe von zwei Handflächen hat. Darauf wird etwas Asche gestreut. Dort hinein etwa eine Handvoll Birkenrinde legen. Dann werden von allen Seiten wieder Asche und Kohlestücke um und auf die Rinde gestreut. Obendrauf kommt dann Anzünde- und Zundermaterial, was dann entfacht wird. Das Feuer lässt man nun (ab)brennen (mindestens eine Stunde) und – mit etwas Glück – finden sich dann kleine Mengen formbaren Birkenpechs auf dem Stein.

Fichtenharz

Fichtenharz

Fichtenharz kommt entweder trocken oder zähflüssig am Baum vor – je nach Alter des Harzaustritts. Beide Sorten können für Bushcraft-Zwecke verwertet werden. Trockenes Harz kann mit einem scharfkantigen Stein oder mit dem Messer vom Baum abgetrennt werden, manchmal kann man es auch mit den Fingern lösen. Bei zähem Harz sollte man berücksichtigen, dass es an der Messerklinge hängenbleibt und diese verschmutzt. Sie lässt sich ohne Hitze schwer vom Harz befreien, oft hilft nur ein heißes Wasserbad, in das man die Klinge taucht. Fichtenharz wird bei tiefen Temperaturen oft brüchig, weshalb die Klebewirkung im Winter nicht so effektiv ist.

Füllmaterial

Füllstoffe, wie sie zum Beispiel als Daunen oder Kunstfasern in Schlafsäcken, Winterjacken usw. genutzt werden, lassen sich teilweise durch Naturfasern ersetzen. Reißen Sie sich zum Beispiel Ihre Jacke an einem abstehenden Ast auf und verlieren dadurch Daunen, können Füllstoffe aus der Natur den Verlust teilweise

Improvisiertes Füllmaterial kann Kältebrücken in Textilien verringern.

kompensieren. Natürlich kommt das improvisierte Füllmaterial nur selten an die positiven Materialeigenschaften von Daunen heran. Zumindest aber werden dadurch Kältebrücken im Textil verringert.

Die einzige Ausnahme bildet hier die Wolle der Pappel, die über für Pflanzenfasern bemerkenswerte Eigenschaften wie Feuchtigkeitstransport, Wärmeisolation und Gewicht (sehr leicht!) verfügt.

Materialien, die sich für Füllmaterialzwecke eignen sind:

- Blütenstände des Schmalblättrigen Weidenröschens
- Pappelwolle
- Rohrkolben

▶ *Glutblasen: Löffel mit Bärenklaustängel*

Strohhalm / Blasrohr

Es gibt einige Pflanzen, die sich aufgrund der Beschaffenheit des Holzes oder des Stängels zur Herstellung von Strohhalmen oder als Blasrohr eignen. In Frage kommen dazu immer nur Rohstoffe, die innen hohl oder mit einem weichen Mark ausgestattet sind. Ich meine damit aber keineswegs Blasrohre für die Jagd, wo ein Geschoss durch das Rohr mithilfe ausgeatmeter Luft beschleunigt wird, sondern Blasrohre zum Anblasen von Glut. Diese ergeben zum Beispiel bei Grubenfeuern Sinn, wenn das Glutnest schwer zu erreichen ist und man mit dem Mund nicht nah genug an die Glut kommt, weil man sich verbrennen könnte. Bei der Fertigung von Bushcraft-Hilfsmitteln wie einem Löffel kann mit einem Blasrohr effizienter Glut in das Holz geblasen werden.

Pflanzen für die Herstellung von Blasrohren und Strohhalmen:

- Bärenklau
- Engelwurze
- Holunder
- Schilfhalme

Behelfskerze

Einfache Behelfskerzen lassen sich mit einem Behälter, Baumharz und einem Behelfsdocht erstellen. Als Behälter eignen sich feste, schlecht brennbare Materialien wie zum Beispiel ein Schneckenhaus, ausgehöhlte Steine, feuchte Baumpilze usw. Das Baumharz wird dazu in den Behälter gefüllt und der Behelfsdocht so in die Harzmasse gesteckt, das noch ein Teil ins Freie ragt. Wenn man den Docht dann entzündet, brennt die Kerze.

Dochte lassen sich aus einigen Pflanzensamen herstellen – wie zum Beispiel aus den Samen des Schmalblättrigen Wei-

▸ *Kerze aus einem Schneckenhaus (links)*

denröschens. Hier muss man die Samen zusammenflechten; sie ergeben einen sehr brauchbaren Docht. Es kann aber auch ein Stück Kienspan (siehe ▸ Kiefer S. 75, ▸ Lärche S. 81) als Docht genutzt werden.

Toilettenpapierersatz / Hautreinigung

Zur Reinigung der Gesäßfalte nach dem Stuhlgang sind an der Unterseite behaarte Blätter geeignet. Der Klassiker hierfür ist Huflattich, der eine besonders feine und gut reinigende Behaa-

Huflattichblatt von unten

rung besitzt. Auch für Hautreinigungszwecke sind diese gut geeignet, wenn man die Haut mit Wasser benetzt und dann mit den Blättern auf den fleckigen Stellen herumschrubbt. Sie werden überrascht über die Reinigungswirkung sein!

Matten und Unterlagen

Hierzu eignen sich Gewächse mit schmalen langen Blättern. Aber auch der Bast von manchen Bäumen kann dafür verwertet werden. Die Blätter werden dazu kreuzförmig verflochten, was in der Fachsprache auch als Platting bekannt ist.

Für Matten und Unterlagen sind folgende Pflanzen geeignet:

- Bast von jungen Linden
- Bast von jungen Weiden
- Rohrkolbenblätter
- Schilfblätter

Flechtmatte aus Schilf

Körbe / Korbähnliche Gefäße

Für die Korbherstellung sind flexible Ruten oder Halme notwendig, die beim Biegen nicht gleich brechen. Leider erfüllen nur wenige Gewächse diese Kriterien, weswegen man nur auf folgende Sorten zurückgreifen sollte:

- **Binsen**
  Binsenhalme können zur Fertigung von Aufbewahrungs- und Sammelgefäßen für Beeren, Früchte usw. verflochten werden. Sie schrumpfen aber, wenn man sie verarbeitet und die in den Binsen enthaltenen Pflanzensäfte nach einiger Zeit verdunsten. Das sollte man bei der Fertigung berücksichtigen; die Gefäße verziehen sich dann leicht. Mit der Kreuzgeflechttechnik kann man kleine Aufbewahrungs- und Sammelgefäße für Beeren, Früchte usw. flechten.

Kreuzgeflechtegefäß aus Binsen

- **Gemeine Hasel**
  Die jungen dünnen Erstjahrestriebe der Gemeinen Hasel können für das Webflechten genutzt werden. Das Webflechten zeichnet sich dadurch aus, dass das Flechtmaterial jeweils hinter und vor einer Stake entlangläuft und die geflochtenen Bahnen parallel zueinanderliegen.

▶ *Schnur aus Binse (lks.); Wasserkochen im Stängel eines Flügelknöterichs*

- **Weide**
  Junge Weidenruten schneidet man am besten im Frühjahr, bevor die Blätter austreiben, da diese dann besonders weich sind. Grund dafür ist, dass der Saft in dieser Zeit in die Weiden steigt und sie so elastisch und biegsam macht. Mit den dann sehr biegsamen Zweigen können beliebig große Körbe hergestellt werden.

Wasserdichte Gefäße

Mit den Rinden und Borken bestimmter Bäume können transportable, wasserdichte Gefäße hergestellt werden. Wenn man etwas Übung darin hat, kann man diese Gefäße sogar in heiße Glut stellen und darin Wasser kochen. Wer das nicht beherrscht oder wenn sich gerade kein brauchbares Material dazu findet, legt einfach einen heißen Stein, den man vorher ein paar Minuten in der Glut eines Feuers liegen hatte, in das mit Wasser gefüllte Gefäß. Bereits nach kurzer Zeit ist das Wasser dann heiß.

Geeignete Rinden für das Herstellen wasserdichter Gefäße sind:

- Birkenrinde
- Fichtenrinde
- junge Lindentriebe
- Rinde der jungen Silberweidentriebe und Äste

Manche Gewächse bieten auch aufgrund ihrer Beschaffenheit die Grundlage für Gefäße; vor allem die, bei denen der Stängel hohl ist. Hier ist zum Beispiel der Stängel des Japanischen Flügelknöterichs sehr geeignet. Für die Gefäßherstellung mit Teilen dieser Pflanze müssen die dicken Stängel genutzt werden. Leider ist der Stängel immer in Segmente geteilt, weswegen das Füllvolumen der Stängelgefäße wie beim Bambus nicht unbegrenzt ist.

Lindenholzlöffel

Löffelherstellung

Mit ein wenig Geschick lässt sich aus einem Stück Lindenholz ein Holzlöffel schnitzen. Lindenholz eignet sich besonders gut für das Schnitzen.

Wassergewinnung

Die nachfolgenden Bäume eignen sich zur Gewinnung von Flüssigkeit in den Zeiträumen März bis Mai. Die Bäume entwickeln einen Überdruck im Stamm, weil der Austrieb der Blätter gefördert werden muss. Sind die Blätter vollkommen ausgetrieben, lässt sich kein Wasser mehr aus dem Stamm gewinnen. Der Klassiker zum „Anzapfen“, den die meisten Survivaler/Bushcrafter kennen, ist hier die Birke, die beim Anbohren der Rinde ihren süßlich schmeckenden Saft freigibt. Schlicht falsch ist – wie es auch namhafte Autoren immer wieder behaupten –, dass der Baum durch das Anbohren dauerhaft geschädigt wird. In Russland werden den Bäumen Unmengen abgezapft; es dürfte dort keine Birken mehr geben, wenn das wirklich schädlich wäre. Übertreibt man es hingegen und bohrt in einen Baum 30 Löcher, nimmt der Baum natürlich Schaden. Bei ein paar Löchern hingegen bleibt hinreichend Potenzial für eine Regeneration.

Es gibt neben der Birke noch andere Bäume, aus denen sich problemlos Flüssigkeit generieren lässt. Zu diesen Bäumen, die aber nicht alle in diesem Buch thematisiert sind, zählen:

- Ahorn
- Eschen
- Pappeln

Witterungsbeständige Stöcke

Der Schlehdorn liefert feste und witterungsbeständige Stöcke. Durch sein dichtes und hartes Holz können damit Zaunpfeiler, Wanderstöcke und Ähnliches gebaut werden. Noch besser ist die Verwendung von Lärchenholz, da dieses durch den hohen Harzgehalt sehr wasserbeständig ist und äußerst langsam verwittert.

Wasserbeständige Hölzer

Für Konstruktionen im Wasser (Stege, Pfähle für Fisch[fang], Reusen usw.) nimmt man Hölzer, die eine lange Beständigkeit im Wasser aufweisen. Schon bei den Resten der Pfahlbauten am Bodensee, die vor etwa 5000 Jahren gebaut wurden, wurden die unten genannten Hölzer verwendet. Gerade das Eichenholz hält sich wegen der im Holz befindlichen Gerbstoffe unter Wasser bis zu mehreren Jahrhunderten!

Wasserbeständige Hölzer sind

- Eichenholz
- Erlenholz

▶ *Eine Birke wird zwecks „Wassergewinnung" angezapft.*

Waschmittel

Naturwaschmittel sind in den letzten Jahren in Mode gekommen. Zu den bekanntesten Vertretern zählt zum Beispiel die Waschnuss, die Frucht des Waschnussbaums, der in tropischen und subtropischen Regionen Asiens vorkommt und schon seit Jahrhunderten zum Waschen von Kleidung verwendet wird. Die in der Nuss enthaltenen Saponine haben eine reinigende Wirkung, die in Verbindung mit Wasser und Schütteln einen seifenartigen Schaum erzeugen.

Leider gibt es bei uns keine Waschnüsse, wir können aber (mit stark abgeschwächter Reinigungswirkung) ein paar Wildpflanzen zu Waschzwecken verwenden. Man sollte sich allerdings vor Augen halten, dass kein natürliches Waschmittel an die gründliche Reinigungskraft eines industriell hergestellten Waschpulvers heranreicht. Möchte man muffig riechende oder verschwitzte Textilien einmal waschen, empfiehlt sich das Einweichen der Bekleidungsstücke in einem Bad von Fichten- oder

Kiefernnadeln. Die enthaltenen ätherischen Öle verbreiten einen frischen Duft. Zwar enthalten Pflanzen, wie beispielsweise der Efeu, waschaktive Saponine, jedoch kann dieser aufgrund seiner Giftigkeit oft zu teilweise schweren Hautausschlägen führen.

Insektenschutz

Der Farbstoff Juglon in der grünen Hülle von unreifen Walnüssen wirkt mückenabwehrend. Zur Anwendung muss der Pflanzensaft der Hülle auf die Haut aufgetragen werden. Die Haut färbt sich dann wegen des Juglons dunkel.

▶ *Unreife Walnüsse*

Der Rainfarn setzt, wenn man diesen ins Feuer wirft, beim Verbrennen Wirkstoffe frei, die Insekten (vor allem Stechmücken) vertreiben. Hier sollte man vorsichtig sein, da die Inhaltsstoffe dieser Giftpflanze für den menschlichen Organismus schädlich wirken.

Die grünen Schalen der unreifen Früchte des Walnussbaums (*Juglans regia*) enthalten Juglon, das auch gegen Pilzerkrankungen hilft.

Klingen schärfen

Feinschliffe können mithilfe jener Pflanzen durchgeführt werden, die **Kieselsäure** enthalten. Die Klassiker hier sind **alle Schachtelhalmarten**, aber auch Pflanzen, die in diesem Buch nicht beschrieben werden – wie zum Beispiel der Vogelknöterich –,

Messerfeinschliff mit dem Ackerschachtelhalm

beinhaltet sie. Der Feinschliff ist ganz einfach: Hier nimmt man etwas dickere, gerade Stängelsegmente (etwa so viele, dass die gesamte Klingenlänge abgedeckt ist, wenn die Stängel nebeneinanderliegen) und drückt diese vorsichtig mit der Messerklingenseite und unter Zuhilfenahme des Daumens platt. Dann zieht man das Messer in einem steilen Winkel mit etwas Druck. Da die Klinge beidseitig geschärft werden soll, dreht man die Klinge um, sodass sich auf beiden Seiten der Grat stellt. Ganz wichtig: Das Feinschliffergebnis ist von der Sorte Stahl abhängig, aus der die Klinge gefertigt wurde. Manche Stahlsorten sind nicht für diese Technik geeignet und zeigen keinerlei Resultate.

Aus Eicheln kann ein durchaus schmackhafter Ersatzkaffee gebraut werden.

Genussmittelherstellung

Mit etwas Kenntnis über Pflanzen sind Sie in der Lage, Genussmittel herzustellen. Das sind draußen dann schon kleine Besonderheiten; wer einmal einen wohlschmeckenden **Röstkaffee** getrunken hat, weiß das zu schätzen. Natürlich handelt es sich hierbei um reine „Luxusartikel", die für das Überleben nicht von Bedeutung sind. Dennoch sind sie gut für Ihre **Psyche**, die Sie nicht vernachlässigen sollten.

Rauchbare Kräutermischungen

Um eine aromatische rauchbare Kräutermischung herzustellen, werden 60 % Haselnussblätter benötigt; der Rest sollte je nach Geschmack auf den unten aufgeführten Kräutern basieren. Diese werden dann fest in ein großes Blatt (Huflattich, Klette oder ähnliche) eingewickelt und nochmals fest mit einer Kordel oder Binsensträngen umschnürt. Das Ganze sollte etwa zwei Wochen liegen; dann sind die Kräuter fermentiert und können geraucht werden. Der Tabak ist nikotinfrei.

Folgende Pflanzen sind für rauchbare Kräutermischungen geeignet:

- Beifußblätter
- Birkenblätter
- Brennnesselblätter
- Brombeerblätter
- Hopfenblüten
- Huflattichblätter
- Johanniskrautblätter
- Königskerzenblätter- und -blüten
- Walnussblätter
- Wegerichblätter
- Weidenröschenblätter

Kaffeeersatz

Eines vorab: Alle hier vorgestellten Kaffeeersatzmittel sind mit dem aromatischen Kaffee nicht vergleichbar, den man von zu Hause gewöhnt ist. Vielmehr besitzen die Zutaten, wenn man sie röstet und mit heißem Wasser aufgießt, eher eine geröstete Geschmacksnote; lediglich die Farbe des Aufgusses dürfte an Kaffee erinnern – obwohl auch diese in den meisten Fällen mehr stark verdünntem Kaffee gleicht.

- **Eicheln:** Bevor Sie mit der Verarbeitung beginnen, sollten die Eicheln geschält und die innere braune Haut entfernt werden. Entweder knacken Sie die harte Eichelhülle mit einem Stein auf einer harten Unterlage oder Sie lassen die Eicheln an mehreren trockenen Tagen am Stück an der frischen Luft liegen. Dadurch schrumpft das Innere der Eicheln zusammen und die Haut bleibt an der Hülle kleben. Die Eichelhülle lässt sich dann einfacher knacken. Das Innere wird für die Kaffeeherstellung gesammelt. Wenn man diese in einem Wasserbad für zwei Tage wässert, verringert sich der bittere Geschmack des Endproduktes aufgrund der sich im Wasser lösenden Gerbstoffe. Jetzt kann das „Fruchtfleisch" kleingeschnitten und auf heißen Steinen geröstet werden. Man sollte hierbei vorsichtig sein, da die kleinen Stücke schnell verbrennen könnten. Wenn die kleinen Stücke goldbraun geröstet sind, können sie vermahlen und das Mahlgut anschließend mit heißem Wasser aufgegossen werden.

Feuer

In der Natur ist eine reichhaltige Fülle von Ressourcen vorhanden, mit denen Feuer entfacht werden kann. Schon unsere Vorfahren bedienten sich dieser Rohstoffe und sicherten so ihr Überleben. Der erste Schritt ist natürlich die Identifikation dieser Ressourcen; dann bedarf es der Einübung im Umgang mit diesen Materialien. Nicht jedes Material ist brennbar oder eignet sich als Anzündmaterial oder als Zunder – auch wenn es den Anschein erweckt. Daher sollte man es am besten bei unterschiedlichen Witterungsverhältnissen sammeln und testen. Auf diese Weise entdeckt man am schnellsten seine persönlichen Favoriten und bekommt rasch ein Auge für geeignete Materialien und ein Gefühl für die richtige Auswahl.

Anzündmaterial

Zum Entzünden von Feuer wird leicht entzündliches Material verwendet, bei dem schon ein kleiner Funke oder ein Häufchen Glut genügt, um es entfachen zu können. Anzündmaterial zeichnet sich dadurch aus, dass es sehr rasch abbrennt. Es muss beim Entfachen des Feuers in ausreichender Menge vorhanden sein, um das Zundermaterial zu entzünden. Ein großes Problem für den Survivaler/Bushcrafter besteht darin, dass ab einer gewissen Luftfeuchtigkeit oder bei Regen oder Nebel ein großer Teil des Anzündmaterials feucht wird und sich nur noch schwer bis überhaupt nicht mehr entzünden lässt. Deshalb sollte, wann immer möglich und vorhanden, Anzündmaterial sofort gesammelt werden, denn es ist natürlich eine offene Frage, ob die Wetterlage beständig bleibt und weiteres Material gefunden werden kann. Der Profi verpackt deshalb sein gesammeltes Anzündmaterial sorgfältig und vor allem wasserdicht. Wenn man nicht über wasserdichte Beutel oder Taschen an der Bekleidung verfügt, kann man zum Schutz das Anzündmaterial auch in große Blätter (wie sie sich zum Beispiel bei der Klette finden) einwickeln, um es vor der Witterung zu schützen. Manche Materialien ergeben, wenn man sie vermischt, ein „feuerfreudigeres" Gemisch, das besser und schneller anbrennt. Als Anzündmaterial eignen sich folgende Pflanzen:

Gemischtes Anzündmaterial

- **Birkenrinde** (*Betula pendula*) (► S. 46)
  Die Birkenrinde ist aufgrund der enthaltenen Öle auch im feuchten Zustand brennbar. Feine Streifen von der Rinde abziehen und zu einem Ball rollen. Oft ist schon ein kleiner Funke ausreichend, damit das Material mit dem Brennen anfängt.
- **Bocksbartschirmchen**
  Aufgrund der Größe der Schirmchen des Wiesenbocksbarts können die Samen als Anzündmaterial verwertet werden. Bereits wenige Exemplare genügen, um eine gute Anzündmaterialgrundlage zu bilden.
- **Fichtenharz** (► S. 55)
  Fichtenharz bietet, wenn es, mit dünnen vertrockneten Buchenblättern zusammengerollt, im weichen Zustand gefunden wird, brauchbares Anzündmaterial. Brennt je nach Harzmenge mehrere Minuten mit einer stabilen Flamme.

▶ *Obwohl der Zunderschwamm* (Fomes fomentarius) *(lks.) ein Pilz ist, soll er hier vorgestellt werden, da er sehr nützlich sein kann. Unter der Hutkruste der Fruchtkörper befindet sich eine faserige Schicht, mit der Zunder hergestellt werden kann. Das Pilzinnere kann als Pflasterersatz auf Wunden aufgelegt werden.*

▶ *Bocksbartschirmchen als Anzündmaterial (oben lks.)*

▶ *Anzündmaterial aus Goldrutenblüten (oben rechts)*

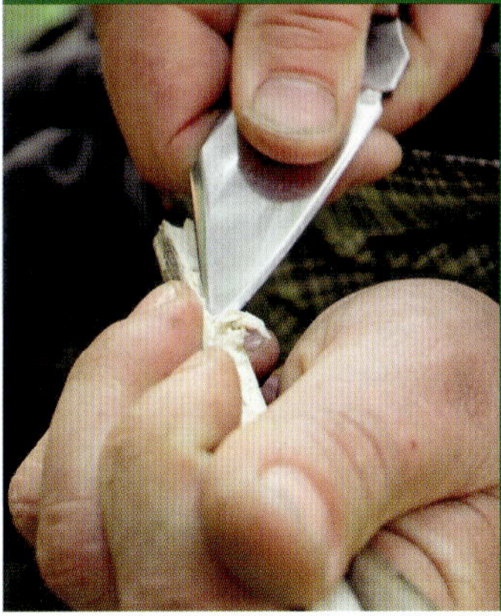

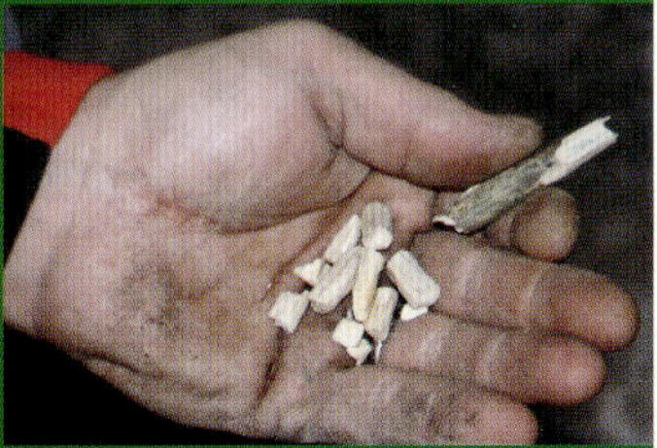

▶ *Gewinnung von Holundermark (lks.); Holundermark (rechts)*

- **Goldrutenblüten** (*Solidago canadensis*) (▶ S. 60)
  Die verblühten Blüten der Goldruten bilden ein wolliges Anzündmaterial, das sich sehr gut entzünden lässt. Selbst im Winter findet man noch Blüten; da die Goldrute immer als Kolonie wächst, ist die Ausbeute beim Ernten sicherlich nicht gering.

- **Holunder** *(Sambucus nigra)* (► S. 67)
  Selbst nach tagelangen Regenfällen kann aus Holunder trockenes Mark gewonnen werden. Es erinnert an Schaumstoff und saugt schnell Feuchtigkeit auf. Da man es nur im Innern des Holzes findet, ist es wichtig, darauf zu achten, nur das Mark in abgestorbenen Ästen des Strauches zu verwenden, da dieses trocken ist. In grünen, noch lebenden Ästen befindet sich nur feuchtes Mark. Das Mark kommt zum Vorschein, wenn man das Außenholz wegschneidet; das Mark dann mit einem Hölzchen oder Messer ernten.
- **Kienspan**
  Kienspan ist nichts anderes als stark verharztes Holz. Es riecht sehr stark ätherisch und brennt, wenn man es in kleinste Spänchen schneidet, sofort mit schwarzgefärbtem Rauch ab. Kienspan findet sich vorwiegend in den Wurzeln der Kiefer oder Lärche (auch bei der Fichte), die sich durch Harzausscheidungen gegen Fäulnispilze wehren. Die Gewinnung ist allerdings mühsam. Ich nutze deshalb lieber die Ansätze abgebrochener Äste, sofern vorhanden und ohne Steighilfe erreichbar. Dort lässt sich Kienspan schneller finden.
- **Löwenzahn** (*Taraxacum officinale*) (► S. 84)
  Die Schirmchen des Löwenzahns (Pusteblume) sind äußerst „feuerfreudig“. Hier muss man aber schon etwas mehr sammeln; mit einer einzigen Blüte kommt man aufgrund des geringen Materials nicht weit.
- **Rohrkolben** (*Typha latifolia*) (► S. 93)
  Der Blütenstand des Rohrkolbens bietet wertvolles Anzündmaterial.

► *Kienspan der Kiefer*

► *Löwenzahnschirmchen*

- *Rohrkolbenwolle (oben lks.)*
- *Rosengallung der Hundsrose (oben rechts)*
- *Anzündmaterial aus Schilfblüten (oben)*
- *Anzündmaterial aus den Fruchtständen des Weidenröschens (links)*

Allerdings entzündet es sich nicht so gut, wie man es beim Anblick der Fülle vermuten könnte. Mit anderen Anzündmaterialien vermischt – Rohrkolben vermischt sich mit den Blüten von Schilf oder trockenen Blättern abgestorbener Bäume –, ist dieses Problem indes schnell behoben.

- **Rosengallen (Rosenäpfel)**
  Die durch die Gemeine Rosengallwespe auf der Hundsrose verursachte haarige Gallung (Auswuchs an der Pflanze) findet man im Winter verholzt am Strauch. Sie eignet sich in der Regel als Anzündmaterial und kann mit einem Funken schnell entfacht werden.
- **Schilfblüten** (► S. 98)
  Diese Pflanzen finden sich auch im Winter und sind zum Feuermachen sehr gut geeignet. Auch hier hat man gute

Chancen, auf Anhieb genug Anzündmaterial zu generieren, da diese Pflanze ebenfalls selten als Einzelpflanze wächst.

- **Schmalblättriges Weidenröschen** *(Epilobium angustifolium)* (► S. 116)
  Wie bei anderen Pflanzen auch bieten auch hier die Fruchtstände ein gutes Anzündmaterial. Da die Pflanze selten allein auftritt, bietet sie, wenn man auf sie stößt, hinreichend Anzündmaterial für einige Tage.

Zundermaterial

Stufe zwei für das erfolgreiche Entzünden eines Feuers ist der Einsatz von Zundermaterial. Dieses wird durch Anzündmaterial entfacht und brennt bedeutend länger. Es schafft jene notwendige Glut, die für den Erhalt der Flamme nach dem Abbrennen des Anzündmaterials notwendig ist. Zundermaterial allein kann in den meisten Fällen nicht mit Funken entfacht werden, da es zu grob ist. Es gibt nur wenige Ausnahmen (wie zum Beispiel Birkenrinde), bei denen sich das Zundermaterial auch wie Anzündmaterial entfachen lässt. Theoretisch könnte man ein Feuer mit Zundermaterial am Brennen halten, es wäre jedoch von geringer Intensität, sodass sich nie eine größere Hitze entwickeln kann.

- **Abgestorbene Brennnesseln** (► S. 47)
  Die Skelette der übriggebliebenen Brennnesseln, die im Winter noch oft zu finden sind, sind bei trockenem Wetter auch als Zundermaterial verwendbar; sie lassen sich einfach abpflücken sowie kleinbrechen und brennen hervorragend.
- **Abgestorbene Stängel der Engelwurz** (► S. 108)
  Findet man auch bei geschlossener Schneedecke, da das Skelett der Pflanze hoch darüber hinausragt. Als Zundermaterial mit anderen Materialien kombiniert – z. B. mit den Schirmchen von Löwenzahn oder Wiesenbocksbart – für das Entzünden eines Feuers ausreichend.
- **Fichtenreisig** (► S. 55)
  Die abgestorbenen Äste der Fichte im unteren Bereich sind selbst nach Regenperioden von mehreren Tagen noch trocken und lassen sich einfach entzünden. Der Vorteil von Fichtenreisig ist, dass es an den Bäumen in verschiedenen

► *Fichtenreisig, abgestorbene Engelswurz, Klettenfruchtkörper als Zundermaterial (im Uhrzeigersinn)*

Stärken vorhanden ist, was sich äußerst positiv auf die Entzündungsfähigkeit auswirkt.

- **Abgestorbene Klettenfrüchte** (► S. 76)
  Einzigartig in der Optik und auch bis ins Folgejahr verfügbar sind die abgestorbenen Fruchtbehälter der Klette, die mit Widerhaken besetzt sind. Sie haben eine sehr gute Brennfähigkeit.
- **Abgestorbene Blüte der Wilden Möhre** (► S. 87)
  Die Wilde Möhre behält ihre Form bei, auch wenn sie oberirdisch bereits abgestorben ist. Die verholzte Blüte bietet ein sehr brauchbares Zundermaterial.
- **Nachtkerzenskelette** (► S. 88)
  Die ausgetrockneten Fruchthüllen, die typisch für die Nachtkerze sind, haben eine sehr gute Brennfähigkeit.

Abgestorbene Möhre

Abgestorbene Nachtkerzenfruchthüllen

- **Walnüsse** (► S. 113)
  Wegen der enthaltenen Öle sind Walnüsse auch brennbar. Hält man zum Beispiel ein Feuerzeug an eine Walnuss, entzünden sich diese und brennen eine Zeitlang. Man sollte jedoch die Walnüsse zuvorderst als Nahrungsmittel nutzen; es sei denn, es steht in einer Überlebenssituation genug Nahrung zur Verfügung.

Anzünden einer Walnuss (im Uhrzeigersinn)

Holz

Das letzte Medium, das für das erfolgreiche Feuer vorhanden sein muss, ist Holz. Holz wird vom Zundermaterial entzündet und bildet eine lang anhaltende Glut mit großer Hitze. Wenn das Feuer dann richtig brennt, wird nur noch Holz nachgelegt. Hier gibt es auch unterschiedliche Qualitäten – nicht jedes Holz brennt gleich gut oder schlecht. Je nach Notsituation kann es auch sein, dass nur minderwertiges Holz zur Verfügung steht.

Birkenholz gehört zu den langbrennenden Hölzern.

Langbrennende Hölzer

- Birke
- Buche
- Eiche
- Hundsrose

Kurzbrennende Hölzer

- Erle
- Fichte
- Kiefer
- Pappel
- Weide

Hölzer zum Feuerbohren

Für das Entfachen eines Feuers durch Reibung (Feuer bohren, Feuer sägen usw.) werden teilweise spezielle Holzkombinationen benötigt, da nicht jedes Holz für den Bohrvorgang geeignet ist oder genutzt werden kann. Weil bestimmte Holzsorten während der Reibung nicht genug Hitze entwickeln, müssen Ihnen jene Holzsorten, die man nutzen kann, geläufig sein. In der folgenden Tabelle finden Sie Holzkombinationen aus verschiedenen Hölzern:

Holz	Holz	Ergebnis
Birke	Linde	+++
Birke	Silberweide	+++
Birke	Erle	++
Linde	Buche	+++
Linde	Lärche	+++
Erle	Lärche	+++
Erle	Linde	++
Silberweide	Lärche	+++
Holunder	Hasel	++
Buche	Lärche	++
Buche	Weide	+++
Hasel	Pappel	+++
Hasel	Linde	+++
Schlehdorn	Birke	+

Legende

+++ sehr gute und schnelle Glut: Hier entsteht bereits nach kurzer Zeit Glut. Auch für einen Laien sind die Chancen, ein Feuer zu entfachen, höher, da die Materialkombination ideal ist.

++ gute Glut: Die Bohrtechnik muss sauber ausgeführt werden und es dauert länger, bis Glut entsteht.

\+ schwierig, führt aber dennoch zur Glut: Hier bricht der unerfahrene Anwender häufig ab, da bereits nach längerem Bohren die Kraft nicht mehr ausreicht oder sich der Erfolg nicht sofort einstellt. Dennoch kann mit dem hier verwendeten Holz Glut erzeugt werden.

Holzkombinationen in diesem Buch aus gleichem Holz eignen sich zum Feuerbohren der unten aufgeführten Hölzer. Bohrer und Bohrbrett können dabei aus demselben Holz sein; es kommt sehr schnell zur Glutbildung.

Holz	Holz	Ergebnis
Erle	Erle	+++
Pappel	Pappel	+++
Linde	Linde	+++
Fichte	Fichte	+

Legende
Siehe oben.

▸ *Die Minze ist eine Zeigerpflanze für feuchte Böden.*

Indikatorpflanzen

Jeder Pflanzentyp benötigt spezielle Verhältnisse, um gedeihen zu können. Hierbei spielt nicht nur die Bodenbeschaffenheit, sondern auch die Feuchtigkeit eine große Rolle. Es gibt Pflanzenarten, die eher genügsam im Hinblick auf den Wasserverbrauch sind, andere hingegen sind auf dauerhaft nassen Boden angewiesen. Auch Licht spielt eine große Rolle; auch hier gibt es Exemplare, die viel Sonne brauchen, und andere, die nur in dunklen Schluchtwäldern gedeihen. Man sollte sich diese Eigenschaften zunutze machen, um entsprechende Rückschlüsse auf das Gelände und dessen Ressourcen ziehen zu können.

Wasserindikatoren

Da in den meisten mittel- bis längerfristigen (Not-)Fällen die Trinkwassergewinnung eine sehr hohe Priorität hat, sind wir auf Wasserindikatoren angewiesen, die uns aufzeigen, wo wir Wasser generieren können. Hier muss zwischen Oberflächenwasser und Indikatoren für feuchte Böden unterschieden werden. Es dürfte sicherlich immer das Ziel sein, Oberflächenwasser zu finden, da dieses einfach nur abgeschöpft und aufbereitet werden muss. Wasser, das in feuchtem Boden sitzt, muss immer noch von Trübstoffen befreit werden, was für den Survivaler/Bushcrafter einen gesteigerten Aufwand bedeutet und mehr Hilfsmittel benötigt.

Oberflächenwasserindikatoren

Nicht immer kann Wasser in Seen, Tümpeln, Teichen usw. auf der Oberfläche entdeckt werden, weil das entweder die Vegetation oder die Geographie nicht zulassen. Die Pflanzen, die Oberflächenwasser anzeigen, sind durch ihren hohen Wuchs oft über mehrere hundert Meter sichtbar. Bei dichter Vegetation ragen sie meistens noch über die üblichen bodennahen Gewächse hinaus. Nicht selten eignen sich manche Teile dieser Pflanzen noch zum Entzünden eines Feuers (► Anzündmaterialien, S. 189).

Pudding4brains

► *Pappelallee*

Die **Gewächse der Röhrichtzonen** (Flachwasser- und Uferrandbereich) sind äußerst präzise Wasserindikatoren, denn sie benötigen unbedingt dauerhafte Nässe. Dazu zählen:

- Rohrkolben (*Typha* ssp.)
- Schilf

Weitere Oberflächenwasserindikatoren, die man aber auch vereinzelt entweder gepflanzt oder wegen der Veränderung des Bodens antrifft, sind:

- Erlen
- Pappeln
- Weiden

▸ *Wasserdost (lks.) und Ackerminze (re.)*

Indikatoren für feuchten Boden

Da Oberflächengewässer nicht überall vorgefunden werden, muss in den meisten Fällen das Wasser aus unterirdischen Vorkommen generiert werden. Die Indikatoren für feuchten Boden lieben Staunässe, die entweder künstlich durch Waldwege usw. erzeugt wird oder durch die Bodenbeschaffenheit natürlich gegeben ist. Diese Wasseranzeiger wachsen jedoch nicht so hoch; man muss manchmal schon etwas genauer hinschauen, um sie zu entdecken. Folgende Pflanzen sind Indikatoren für feuchte Böden:

- Ackerminze
- Baldrian
- Binsen
- Wasserdost

Oft muss ein Loch an diesen Standorten gegraben werden, was mit einem hohen Kraft- und Energieaufwand verbunden sein kann. Die Löcher füllen sich nach einiger Zeit in vielen Fällen mit Wasser, wenn man tief genug gegraben hat und etwas Glück hat. Dieses lässt man dann eine Zeitlang abstehen, bis sich die

Generieren von Wasser bei feuchten Böden

Trübstoffe gesetzt haben. Dann das klare Wasser abschöpfen und bei Bedarf aufbereiten (erhitzen).

Folgendes sollten Sie beachten: Es gibt, auch wenn die Wasserindikatoren feuchten Boden anzeigen, *nie* eine Garantie dafür, dass man mit dieser Methode immer Wasser gewinnen kann.

Aus der Goldrute gewonnener Tee hilft gegen Blasenentzündungen.

Medizinische Zwecke

Auch wenn ich nicht glaube, dass „für jedes Zipperlein ein Pflänzchen gewachsen ist", bin ich der Meinung, dass viele gesundheitliche Probleme mithilfe von Heilpflanzen behandelt werden können bzw. Krankheiten vorgebeugt werden könnte. Unstrittig ist, dass gerade die unzähligen **sekundären Pflanzenwirkstoffe**, von denen die Wissenschaft nur einen Teil kennt, sich **positiv auf die Gesundheit auswirken.**

In einer Survival-Situation müssen Wirkstoffe, die normalerweise nur in Medikamenten vorhanden sind, improvisiert oder ersetzt werden. Einige wichtige Wirkstoffe sind in Pflanzen vorhanden, die in einem gewissen Maße auch therapeutisch von uns genutzt werden können.

Zu beachten ist aber, dass **einige Krankheits- und Verletzungsbilder unbedingt von einem fachkundigen Mediziner begutachtet oder versorgt werden müssen!** Hier helfen auch keine Pflanzen.

Blasenentzündungen

… sind äußerst schmerzhaft und haben unter anderem ständigen Harndrang zur Folge. Doch dagegen ist im wahrsten Sinne des

Wortes ein Kraut gewachsen, nämlich die Goldrute. Schon mehrfach wurden weibliche Teilnehmerinnen meiner Kurse mit diesem Krankheitsbild konfrontiert; jedesmal aber konnten wir mit einigen Tassen Goldrutentee die Entzündung erfolgreich bekämpfen – und das bereits nach kurzer Zeit.

Gegen Blasenentzündungen eignen sich folgende Pflanzen:

- Birkenblättertee
- Goldrutentee
- Löwenzahntee

Löwenzahn

Brandwunden

Verbrennungen 1. und 2. Grades können mit zerstoßener Klettenwurzel behandelt werden, wenn man die junge Wurzel zerkleinert und dann auf die betroffenen Stellen aufträgt. Auch Lindentee in stärkerer Konzentration kann auf Verbrennungen direkt oder getränkt in Umschlägen aufgetragen werden. Der ausgepresste Pflanzensaft des Spitzwegerichs dient ebenfalls zur unterstützenden Behandlung bei Verbrennungen und fördert den Heilungsprozess.

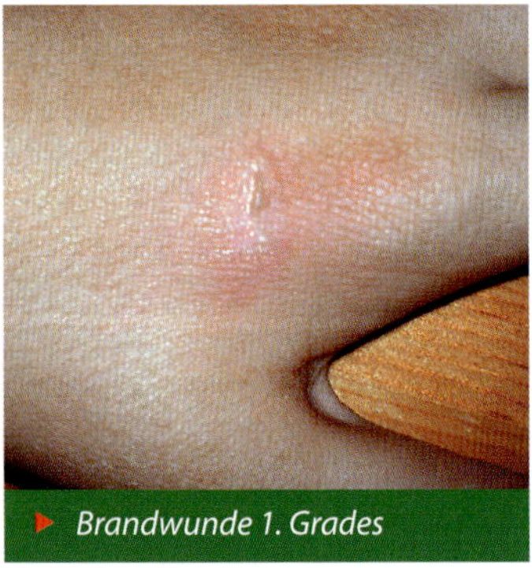

Brandwunde 1. Grades

Trent Easton

Verbrennungen 1. Grades an der Hand: Hier helfen z. B. zerstoßene Klettenwurzeln, die auf der betroffenen Hand aufgetragen werden.

Durchfallerkrankungen

Ein oft unterschätztes Risiko draußen sind Durchfälle, was vor allem dann bedrohlich werden kann, wenn das nächste Krankenhaus weit entfernt ist. Schwere Brechdurchfälle bewirken einen starken Wasser- und Elektrolytverlust, der nicht durch Trinken kompensiert werden kann. Nur eine Infusion mit einer Elektrolytlösung in der Klinik kann dem Körper in einer derartigen Situation wieder lebenswichtige Flüssigkeit zuführen.

Ein unbehandelter Durchfall ohne (oder mit) Erbrechen kann unter Umständen höchste Lebensgefahr bedeuten! Pflanzen zur Behandlung schwerster Durchfälle gibt es nicht, lediglich zur unterstützenden Behandlung und zur Verringerung des Durchfalls. Es ist immer besser, wenn man präventiv Durchfälle vermeidet, und zwar so gut es nur geht. Für diesen Zweck sollten Sie zum Beispiel Wasser immer sorgfältig aufbereiten, tierische Nahrungsmittel gut erhitzen und die Hände waschen.

Bitte beachten Sie auch, dass es bei manchen Krankheitsbildern – die z. B. bakteriell (*Salmonellen*) oder durch Viren (*Rotavirus*) verursacht wurden – wichtig ist, dass der Durchfall nicht unterbunden wird, da der Darm ständig die krankmachenden Erreger mit dem Durchfall ausscheidet. Eine Hemmung des Durchfalls würde eine Verlängerung des Krankheitsbildes mit sich bringen, da die Erreger länger im Darm verbleiben.

Bei Durchfällen können Aufgüsse oder Tees folgender Wildpflanzen helfen:

- Brombeerblättertee
- Gundermanntee,
- Nelkenwurzeln als Tee getrunken
- Schlehdornblütenaufguss
- Wurzelstock- und Blattsud aus dem Wiesenknöterich

Ekzeme

Diese Hautentzündungen können mithilfe von Kletten (Wurzel und Blatt) behandelt werden. Diese nutzt man als Auflage auf den betroffenen Hautstellen.

Huflattich (links) und Hagebutte (r.)

Erkältungen / Grippe

… zählen zu den unangenehmen Erkrankungen, die man draußen überhaupt nicht gebrauchen kann. Erkältungs- bzw. Grippesymptome können durch bestimmte Wildpflanzen gemildert und der Krankheitsverlauf kann positiv beeinflusst werden. Im Einzelnen sind hier gemeint:

- Fichtennadeltee
- Hagebuttentee
- Holunderbeerensaft, heiß getrunken
- Huflattichtee
- Schlehdornfrüchtetee
- Spitzwegerichblättertee
- Weidenrindentee

Fieber

Da Fieber nicht als Ursache einer Krankheit gesehen werden kann, sondern als Reaktion des Körpers auf eine Krankheit, sollte man bei der Medikation vorsichtig sein. Die Komponenten der folgenden Gewächse können gegen Fieber wirken:

▶ *Die Wirkstoffe der Lindenblüte helfen bei Husten und Fieber.*

- Holunderblütentee
- Lindenblütentee
- Thymianblättertee
- Weidenblättertee

Fußkrankheiten / Fußpflege

In der Eiche kommen in großer Menge Gerbstoffe vor. Diese können für ein Fußbad genutzt werden, indem die Rinde von Eichenzweigen kleingeschnitten und in ein Wasserbad gelegt wird. Hierfür nur junge Rinde verwenden! Die Rinden dann aufkochen lassen und den braunen Absud als Fußbad verwenden.

Mit Rindenstücken der Weide lässt sich auch ein Fußbad zubereiten, das gegen Fußschweiß und damit gegen die Bildung von Pilzen wirkt. Auch hier färbt sich das Wasser durch die enthaltenen Gerbstoffe ein.

Husten

Siehe ▸ Erkältungen / Grippe.

Insektenstiche

Spitzwegerich wirkt hier aufgrund des im Pflanzensaft vorhandenen zuckerähnlichen Pflanzeninhaltsstoffes (Glycocids) Au-

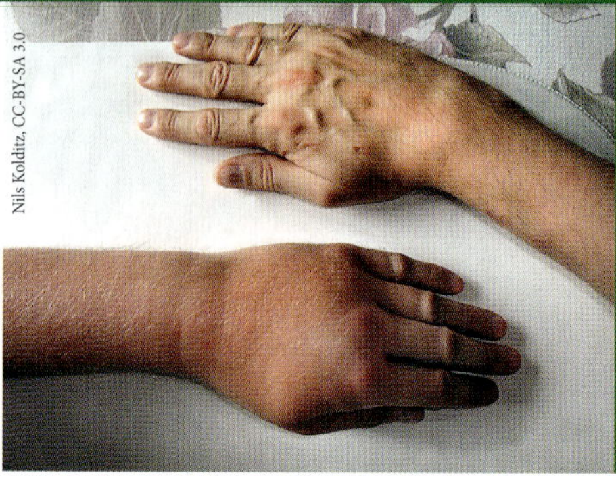

Massive Schwellung aufgrund eines Wespenstichs; mit dem Pflanzensaft des Spitzwegerichs und des Beinwells kann zumindest der Juckreiz bekämpft werden.

cubin, das auf der Einstichstelle zu verreiben ist, juckreizmindernd. Auch der Saft der Beinwellpflanze kann auf juckende Einstichstellen aufgetragen werden, was den Juckreiz deutlich abschwächen kann.

Mundraumentzündungen

… behandelt man am besten durch Spülen mit einem geeigneten Sud. Nur mit dieser Methode werden krankmachende Keime in Gänze im Mund abgetötet. Natürlich kann man auch lokal, sprich dort, wo die Entzündung auftritt, behandeln, ich denke aber, dass das nicht viel Sinn ergibt. Eine Entzündung im Mundraum kann verschiedene Ursachen haben, gegen die folgende Pflanzen helfen:

- Tee aus Dost
- Eichenrindentee
- abgekochter Rindensud der Erle
- Nelkenwurzwurzel (zerkaut oder Sud)
- Schlehdornfrüchte
- Thymiansud
- Wurzelstocksud aus dem Wiesenknöterich

Psyche

Auch im deutschsprachigen Raum wachsen Pflanzen, die psychoaktiv wirken. Ich möchte mich hier aber auf jene Pflanze be-

Thymian

schränken, die der Psyche guttun. In Survival-Situationen spielt die Psyche aufgrund der hohen Belastung meiner Meinung nach eine zentrale Rolle. Sie sollten daher bestrebt sein, Ihre Ängste und Sorgen in den Griff zu bekommen. Dabei helfen Ihnen folgende Pflanzen:

- **Baldrian** *(Valeriana officinalis)* (► S. 34)
  Die Inhaltsstoffe der Baldrianwurzeln wirken beruhigend und helfen bei nervösen Einschlafstörungen. Nicht umsonst ist Baldrian das am häufigsten verwendete Beruhigungsmittel. Von übermäßigem Konsum ist aber unbedingt abzuraten, da dies zu rauschartigen Zuständen führen kann.

Baldrianwurzel

- **Goldrute** (*Solidago* ssp.) (► S. 60)
  Vielen Menschen dürfte nicht bewusst sein, dass die Niere in unmittelbarem Zusammenhang mit der Psyche steht –

man denke nur an die Floskel: „Mir ist das an die Nieren gegangen." Um ein Beispiel aus dem eigenen Erleben zu nennen: Bei einem Unfall, der mir in der Vergangenheit zustieß, bin ich durch einen Schlag auf den Kopf in eine Depressionsspirale geraten; ein Zustand, der mir als Frohnatur bis dahin unbekannt war. In dieser Zeit hat mir das Trinken von Goldrutentee sehr geholfen; bereits nach kurzer Zeit war ich von den Depressionen befreit. Da sich die Goldrute positiv auf die Nieren auswirkt, spiegelt sich das natürlich auch psychisch wider. Natürlich ist die Goldrute aber kein Allheilmittel gegen Depressionen, die auf unterschiedlichen Ursachen basieren können.

- **Johanniskraut** *(Hypericum perforatum)* (► S. 74)
  Ein Klassiker unter den Pflanzen, die der Psyche gut tun, ist das Johanniskraut. Mittlerweile wird das auch von der Schulmedizin anerkannt und die Pflanze erfolgreich in der Psychotherapie eingesetzt. Die Wirkung wird durch den Arzneistoff Hypericin verursacht, das als Antidepressivum wirkt. Man sollte bei der Einnahme indes Vorsicht walten lassen, da der Wirkstoff wie bereits erwähnt auf der Haut fototoxische Reaktionen auslösen kann. Außerdem kann Johanniskraut zu einer erhöhten Lichtempfindlichkeit der Haut führen. Zerreibt man die Blüten zwischen den Fingern, färbt der Wirkstoff die Haut weinrot.

► *Johanniskraut enthält den Wirkstoff Hypericin.*

▸ *Mädesüß ist eine alte Heilpflanze.*

Freddy Krüger, wikimedia commons

Schmerzen allgemein

Schmerzbekämpfung ist nicht einfach durch die Einnahme eines Präparates erfolgreich. Wer medizinisch ein wenig bewandert ist, weiß, dass Schmerzmittel bei Schmerzen unterschiedlich wirken. So ist zum Beispiel Paracetamol bei Zahnschmerzen oft nicht wirksam, Ibuprofen hingegen schon. Ab einem gewissen Schmerzgrad müssen Wirkstoffe kombiniert oder sogar mit opiumhaltigen Wirkstoffen ergänzt werden, um eine schmerzstillende Wirkung zu erzielen. Das ist draußen unmöglich zu bewerkstelligen. Natürlich gibt es dafür Pflanzen mit den entsprechenden Inhaltsstoffen, die auch bei uns vorkommen. Es bleiben letztlich aber nur einige wenige Wildpflanzen, mit denen „draußen" mit den zur Verfügung stehenden Mitteln leichte bis mäßig starke Schmerzen bekämpft werden können. Allerdings ist auch hier eine vorsichtige Anwendung geboten, soll es zu keinen gesundheitlichen Schäden kommen.

Für uns interessant sind die Gewächse, die Salicylsäureverbindungen enthalten. Diese wirken ähnlich wie die pharmazeutisch hergestellte Acetylsalicylsäure, die uns aus verschiedenen Medikamenten (z. B. Aspirin) bekannt ist. Es handelt sich hier um folgende Pflanzen:

- Mädesüß
- Weidenrinde und Weidenblätter

Sonnenbrand

Bei Sonnenbrand kann ein Sud aus Pappelrinde und Blättern, der auf die betroffenen Hautstellen aufgetragen wird, Abhilfe schaffen. Dieser Sud lindert die Beschwerden und hilft beim Heilungsprozess.

▶ *Zerreiben von Brennnesselnüsschen (im Uhrzeigersinn)*

Trockene Haut

Bei trockener Haut bilden sich kleine Hautrisse, die Eintrittspforten für Keime sein können. Trockene Haut kann draußen häufig vorkommen. Das einzig wirksame Mittel dagegen ist das Fetten der Haut. Die Bestandteile ölhaltiger Pflanzen helfen hierbei. Nahezu unübertroffen sind die Nüsschen der Brennnessel. Wenn diese auf die Haut gelegt und mit etwas Druck verrieben werden, wird die Haut effektiv gefettet und bleibt für die nächsten Stunden weich und geschmeidig. Durch das Fetten der Haut werden außerdem die Eintrittspforten für Keime versiegelt, was Infektionen vorbeugt.

Auch die Blüten der Gemeinen Nachtkerze können zum Fetten der Haut genutzt werden. Diese werden dann auf den entsprechenden Hautstellen verrieben.

▸ *Trocknen von Pflanzen*

Konservieren von Pflanzen

Das Aufbewahren von Pflanzen und Pflanzenteilen zu Bevorratungszwecken ist eine Vorsorgemaßnahme, wenn es darum geht, für noch schlechtere Zeiten vorzusorgen oder die Survival-Küche sinnvoll zu erweitern.

Trocknen

Die einfachste Methode zum Konservieren von Pflanzenteilen ist das Trocknen. Leider lässt sich das nicht mit allen Pflanzen praktizieren, da manche, wenn sich die ätherischen Öle verflüchtigen, ihre Aromen während des Trocknungsprozesses verlieren.

Bei der Lufttrocknung draußen hat man das Problem, dass die Witterung das Trockengut anfeuchten kann oder der Morgentau das Trockengut benässt. Daher sollte das Trockengut über Nacht feuchtigkeitsgeschützt aufbewahrt werden. Am besten ist es, wenn man die Pflanzen vor dem Trocknen kurz ausschüttelt, um sie von Staub zu befreien. Dann werden sie entweder zum Trocknen auf einem Textil (alternativ dazu, falls verfügbar, Fels oder trockener Boden) ausgelegt. Eine weitere Möglichkeit ist das Aufhängen der Pflanze an einem Baum oder Strauch. Vermeiden Sie direkte Sonneneinstrahlung, das tut der Pflanze während des Trocknens nicht gut und kann wichtige Inhaltsstoffe zerstören. Dicke Wurzeln trocknet man, indem man sie in kleine dünne Scheibchen schneidet und auf einem Textil auslegt. Eine weitere Möglichkeit wäre das Aufhängen an einem Faden, den man durch die Wurzelscheibchen zieht.

Pflanze	Trocknungserfolg	Aromaverlust
Beifuß	Sehr gut	Nein
Thymian	Sehr gut	Nein
Bärlauch	Sehr gut	Ja
Knoblauchsrauke	Sehr gut	Ja (Samen: nein)
Brennnessel	Sehr gut	–
Nelkenwurzwurzel	Gut	Nein
Ährige Teufelskralle	Sehr gut	Nein

Dörren

Außer dem Trocknen und Dörren bietet sich für den Survivaler/Bushcrafter sicherlich keine andere Alternative an, Pflanzen oder Pflanzenteile haltbar zu machen. Beim Dörren stellt sich der Erfolg am schnellsten ein, wenn man das Dörrgut wie in der heimischen Küche in möglichst dünne Scheibchen schneidet. Anschließend legt man es auf einem sauberen, flachen Stein oder auf Holz aus und stellt es in die Nähe eines Feuers. Das Dörrgut sollte mehrfach gewendet werden und man muss darauf achten, dass es nicht zu nah am Feuer steht – es könnte sonst anbrennen. Für das Dörren sollte man sich Zeit nehmen, es nimmt immer ein paar Stunden in Anspruch.

Getrocknete Nüsse und Früchte: Für das Dörren müssen einige Stunden an Zeit einkalkuliert werden.

Nachwort

Dieses Buch wollte ich schon seit geraumer Zeit schreiben, aber es fehlten mir große Teile des Bildmaterials. Trotz meiner über Jahre hinweg gewachsenen, sehr großen Bilddatenbank habe ich das Augenmerk darauf gelegt, nur Bilder zu verwenden, die meinen qualitativen Vorstellungen entsprechen. Nicht jedes Bild, das ich fotografiert habe, entspricht meinen Vorstellungen von Qualität; gerade die Details sind das, worauf sich der Leser verlassen muss, wenn er sich mit Pflanzen beschäftigt. Also mussten etliche Bilder erneut geschossen werden und das ist sehr zeitaufwendig. Nicht immer findet man jede Pflanze in der Umgebung vor, daher sind manche Aufnahmen im benachbarten Ausland (Schweiz, Österreich, Frankreich) entstanden. Für manch ein Pflänzchen bin ich einen Weg von mehr als 100 km gefahren, um den Leser zufrieden zu stellen. Bei der Niederschrift des Buches habe ich mich nochmals sehr intensiv mit der Pflanzenwelt befasst. Selbst nach Jahren wird man dabei immer wieder positiv überrascht. Die Natur ist eben so vielseitig, dass man stets dazulernt, auch wenn das manche Fachleute nicht wahrhaben wollen. Daher bin ich froh, dass ich kein Biologiestudium absolviert habe, denn ich glaube, mir wäre dadurch die Fähigkeit abhanden gekommen, Pflanzen einfach und verständlich zu erklären. Das bestätigen mir immer wieder Aussagen von Kursteilnehmern und natürlich auch die ausgebuchten Kräuterwanderungen.

Ich hoffe daher, dass ich Ihnen die Pflanzenwelt mit diesem Buch nähergebracht habe. Sie werden sehen: Bei künftigen Waldbesuchen schauen Sie deutlich häufiger auf den Boden. Wenn Sie einmal mit dem Virus essbare Pflanzen infiziert sind, kommen Sie nicht mehr davon los.

Die Heilwirkungen von Beinwell gehen auf den Inhaltsstoff Allantoin zurück.

Kurzbeschreibung der Pflanzeninhaltsstoffe

Etliche pflanzliche Inhaltsstoffe sind noch gar nicht oder rudimentär erforscht und es ist fraglich, ob sie es je sein werden. Natur zu verstehen ist eben komplex, das muss auch die Wissenschaft einsehen. Nicht alles können wir aufgrund der Forschung nachvollziehen und verstehen und das ist auch gut so. Im Folgenden habe ich die in diesem Buch verwendeten wichtigsten Pflanzeninhaltsstoffe in einer Kurzbeschreibung aufgeführt. Somit können Sie anhand der Inhaltsstoffe die Wirkweise der Pflanze im oder am Körper herleiten. Ich habe mich bewusst kurz und knapp gehalten, um die für Sie wichtigen Fakten in den Vordergrund zu rücken:

Allantoin

Beschleunigt den Zellaufbau und die Zellregeneration. Es kommt in heimischen Pflanzen wie Beinwell oder Schwarzwurzel vor. Allantoin wird äußerlich zur Wundbehandlung (Schnitt- und Brandwunden, Geschwüre, Ekzeme etc.), zur Hautpflege, gegen Hauterkrankungen und für die Narbenpflege eingesetzt.

▶ *Spinat (lks.) hat einen hohen Gehalt an Mineralien und Vitaminen, Gänseblümchen enthalten u. a. Bitterstoffe und ätherische Öle.*

Alliin

Ist eine schwefelhaltige Aminosäure in Laucharten, die häufig erst bei Verletzung der Zellen freigesetzt wird und sich zu Allicin umwandelt, das den typischen Knoblauchgeruch erzeugt.

Bitterstoffe

… sorgen für einen gesunden Appetit, wobei ein übertriebener Heißhunger in vielen Fällen gestillt wird. Sie regen den Speichelfluss an und schmecken, wie es der Name schon sagt, bitter. Bei Verstopfungen wirken Bitterstoffe unterstützend, da sie leicht abführend wirken.

Natürliche Bitterstoffe kommen in zahlreichen Heilpflanzen vor, darunter auch das Gänseblümchen.

Flavonoide

… zählen zu den sekundären Pflanzenwirkstoffen und kommen in den meisten Pflanzen in hoher Konzentration vor. Sie haben eine antioxidative Wirkung und hemmen das Wachstum von Viren, Bakterien und Pilzen.

Gerbstoffe

…. zählen aus medizinischer Sicht zu den wichtigsten pflanzlichen Wirkstoffen, die durch ihre zusammenziehende (adstringierende) und austrocknende Wirkung Bakterien, die sich auf der Haut oder einer Schleimhaut angesiedelt haben, den Nährboden entziehen.

Inulin

… ist ein in Pflanzen eingelagerter wasserlöslicher Reservestoff, der im Darm in Fettsäure umgewandelt wird. Als Kohlehydrat versorgt uns Inulin mit Energie.

Kieselsäure

… ist die Verbindung von Sauerstoff und Silicium in wasserhaltiger Form. Sie bewirkt ein strafferes Bindegewebe und sorgt für glattere Haut, gesunde Haare und festere Nägel.

Öle, Ätherische

Ätherische Öle sind aus vielen verschiedenen chemischen Verbindungen zusammengesetzt; sie sind fettlöslich, enthalten jedoch keine Fette. Im Gegensatz zu fetten Ölen verdampfen ätherische Öle rückstandsfrei. Ihre Wirkweisen sind vielfältig: Sie wirken gegen Bakterien, gegen Pilze (fungizide/antimykotische Wirkung), gegen Viren, sind schleimlösend und entzündungshemmend und wirken gegen trockene oder unreine Haut.

Öle, Fette

… sind kaum wasserlöslich und effektive Geschmacksträger. Für den Körper sind fette Öle insofern wichtig, da er einige gesättigte und ungesättigte Fettsäuren – zugleich lebensnotwendige Komponenten – nicht selbst bilden kann.

Oxalsäure

In häufig geringer Konzentration findet sich die organische Säure Oxalsäure in Obst und Gemüse, in höherer Konzentration in Tee, Spinat oder Rhabarber. Große Mengen Oxalsäure können bei übermäßigem Verzehr im Körper Blasen- und Nierensteine auslösen.

Proteine

Proteine, auch als Eiweiß bekannt, haben vielfältige Aufgaben im Körper. Sie bauen Körperzellen auf und erhalten diese zugleich.

Schleimstoffe

... sind Mehrfachzuckergemische, die sich durch die einhüllende Wirkung gut bei Entzündungen der Schleimhäute eignen. Zudem können sie Giftstoffe absorbieren.

▸ *Der Huflattich gilt als wichtige Heilpflanze bei Hustenreiz, weil er schleimlösend wirkt.*

Stärke

Das Kohlehydrat wird im Mund durch den Speichel in Zucker zerlegt. Es ist ein sehr wichtiger Energielieferant für den Körper und kommt häufig in Knollen vor.

Triterpene

... zählen zu den sekundären Pflanzenwirkstoffen und wirken antimikrobiell und insektizid.

Kamillenblüten

Literatur, Internetquellen

Düll, Ruprecht / Herfried Kutznelnigg: Taschenlexikon der Pflanzen Deutschlands und angrenzender Länder, Verlag Quelle & Meyer, ISBN 978-3-494-01424-1, 7. Auflage, 2011

Ellenberg, Heinz: Mitteleuropas mit den Alpen, 4. Auflage, Stuttgart 1986

Frohne, Dietrich / Hans Jürgen Pfänder: Giftpflanzen. Ein Handbuch für Apotheker, Ärzte, Toxikologen und Biologen, ISBN 3-8047-0886-2, Oktober 2004

Bayrisches Landesamt für Gesundheit und Lebensmittelsicherheit, Webseite, Tabelle Erkrankungen an alveolärer Echinokokkose nach Regierungsbezirk und Meldejahr, Bayern 2001 bis 2013; Quelle Survstat, Datenstand: 1. April 2014, https://www.lgl.bayern.de/gesundheit/infektionsschutz/infektionskrankheiten_a_z/fuchsbandwurm/echinokokkose-faelle.htm

Danksagung

Auch dieses Buch ist mit viel Liebe für die Sache entstanden. Für die Unterstützung beim Zustandekommen des Werkes danke ich

- dem Leopold Stocker Verlag,
- meiner Familie,
- meinen Freunden,
- den Teilnehmern meiner Kurse für die Anregungen,
- dem Pilzexperten Manfred Enderle,
- meinem Freund Gion von Swiss-Survival-Training für den Wissensaustausch
- und natürlich der Natur, die uns unzählbare Schätze und wertvolle Ressourcen zur Verfügung stellt.

Register der Pflanzen nach Verwendungszweck

Pflanze	Seite					
Baldrian, Echter	34	❖		❖	❖	
Bärenklau/Wiesenbärenklau	35	❖	❖	❖		
Bärlauch	38	❖		❖		
Beifuß, Gemeiner	40	❖		❖		❖
Beinwell, Echter	43	❖		❖		❖
Binse/Knäuel-Binse	43	❖			❖	
Birke	46	❖	❖			❖
Brennnessel	47	❖	❖	❖		
Brombeere	49	❖		❖		
Buche/Rotbuche	50	❖	❖	❖		
Dost, Gemeiner	51	❖	❖	❖		❖
Eiche	53	❖	❖	❖		
Fichte, Gemeine	55	❖	❖	❖		
Flügel- oder Staudenknöterich	57	❖	❖	❖		
Giersch	59	❖		❖		
Goldrute, Kanadische	60	❖	❖	❖		
Gundermann	62	❖		❖		
Günsel, Kriechender	64	❖		❖		
Hasel, Gemeine	65	❖	❖	❖		
Holunder, Schwarzer	67	❖	❖	❖		
Hopfen, Wilder	69	❖	❖	❖		
Huflattich	71	❖	❖	❖		
Hundsrose	72	❖		❖		
Johanniskraut, Echtes	74	❖		❖		
Kiefer/Waldkiefer	75	❖	❖	❖		
Klette, Große	76	❖	❖	❖		
Knoblauchsrauke	78	❖		❖		❖
Königskerze, Großblütige	79	❖	❖	❖		
Lärche, Europäische	81	❖	❖	❖		

Pflanze	Seite	Gedeck	Werkzeug	Erste-Hilfe-Kreuz	Schild	Gewürz
Linde	82	❖	❖	❖		
Löwenzahn, Gewöhnlicher	84	❖	❖	❖		
Mädesüß, Echtes	85	❖		❖	❖	
Möhre, Wilde	87	❖		❖		❖
Nachtkerze, Gemeine	88	❖	❖	❖		
Nelkenwurz, Echte	90	❖		❖		❖
Rainfarn	91		❖			
Rohrkolben, Breitblättriger	93	❖	❖		❖	
Sanddorn	94	❖	❖	❖		
(Acker-)Schachtelhalm	96	❖	❖	❖		
Schilfrohr	98	❖	❖		❖	
Schlehdorn	100	❖		❖		
Schwarzerle	101		❖	❖		
Schwarzpappel	103	❖	❖	❖	❖	
Silberweide	104	❖	❖	❖	❖	
Spitzwegerich	106	❖		❖		
Teufelskralle, Ährige	107	❖				❖
Waldengelwurz	108	❖	❖	❖		
Walderdbeere	110	❖		❖		
Waldsauerklee	112	❖				
Walnuss, Echte	113	❖	❖	❖		
Wasserdost, Gewöhnlicher	114		❖	❖	❖	
Weidenröschen, Schmalblättriges	116	❖	❖	❖		
Weißdorn, Zweigriffeliger	117	❖		❖		
Wiesenbocksbart	119	❖	❖			
Wiesen- und Schlangenknöterich	120	❖		❖		
Wiesenschaumkraut	122	❖		❖		❖
Waldziest	123	❖				

Essbare Teile (Symbol Gedeck)
Nutzen (Symbol Werkzeug)
Medizinische Wirkung (Symbol Erste-Hilfe-Kreuz)
Indikatorpflanze (Symbol Schild)
Würzeigenschaften (Symbol Gewürz)

Aus unserem Programm

ÜBERLEBEN IN KRISEN- UND KATASTROPHENFÄLLEN
ISBN 978-3-7020-1482-7

ÜBERLEBEN IN DER NATUR
ISBN 978-3-7020-1390-5